このままでは飢える!

食料危機への処方箋

「野田モデル」が日本を救う

東京大学大学院教授
Nobuhiro Suzuki
鈴木宣弘

発行:日刊現代　発売:講談社

はじめに　農業崩壊は、国民の命の危機そのもの

「お金を出せば食料はいつでも輸入できる」

かつてはまかり通ったこうした考えはいまや、まったく通用しなくなったことをご存じだろうか。

中国の「食料爆買い」、ウクライナ紛争、あるいは異常気象などにより、食料や生産資材が思うように調達できなくなった現実をわれわれは突きつけられている。

日本の食料自給率は38%（カロリーベース）とされ、低すぎるといわれているが、実質的にはもっと低い。こんな食料自給率で不測の事態に国民の命はを守ることができるのか。

答えは「NO」である。

野菜で考えるとわかりやすい。野菜の自給率は80％といわれているが、その野菜を栽培するために必要な種の9割が海外の畑で種採りしてもらっている。つまり、種の輸入が止まってしまえば自給率は80％どころではなく、8％になってしまう。化学肥料原料はほとんどすべてを輸入に頼っている。肥料が止まれば収量は半減する。そう考えると、野菜の実質自給率は4％という事態が起こりうるのだ。

日本国民の命は、これまでも、これからもずっと輸入が続くことが前提の「砂上の楼閣」の中にあるのだ。いまこそ、国内生産基盤の増強が不可欠だが、増強どころか、弱体化が加速している。肥料、飼料代は2倍近くに、燃料代は5割高に値上がりし、生産資材価格が暴騰しているにもかかわらず、農産物の販売価格は、米価も、乳価も、野菜価格も十分上がらず、農家は赤字と借入金返済に苦しみ、廃業が激増している。

輸入小麦の価格が上がれば、その分だけパンの価格も上がって当然なのに、なぜ、農産物は「価格転嫁」ができないのか。

ある仲卸業者さんがその理由を端的に話してくれた。

「農家さんに払う価格がどう決まるかというと、大手小売店がいくらで売るかなのだ。

それが決められて、仲卸さんはこの値段で逆算して買ってきてねといわれる。悪いけれども、農家さんのコストはほとんど関係ないのです」

こんなことでいいわけがない。

農業協同組合の共同販売とか生活協同組合の共同購入とか、協同組合も農家の販売価格を引き上げに少なからず役割を果たしてはいる。それでも微々たるものだ。全体として、農家は買い叩かれているというのが現実だ。にもかかわらず、政治は手をこまねいたままといってもいい。農家の置かれた厳しい状況を考えて、赤字を補塡して農家の収入を増やそうという政策面における動きはまったく見られない。

このままでは、ただでさえ生産資材高騰に苦しんでいる農業・農村の崩壊がさらに加速しかねない。

そんなことになれば、日本の多くの農山漁村が原野に戻り、地域社会だけでなく文化も消え去り、食料自給率はさらに低下することになるだろう。そこに不測の事態が発生すれば、食料不足に陥った超過密化した拠点都市で感染症をはじめとするさまざまな病気が蔓延し、餓死者が続出することになりかねない。農業の崩壊は、国民の命の危機、ひいては国家存立の危機に直結するのだ。

日本はそんな悲劇に突き進んでいくのか――。いまがまさに分水嶺だと思う。

日本の農業がかつてないほどの苦境に立たされている中、生産者にとっては一筋の光明ともいえる農産物流通の新しい形が生まれている。

それが、道の駅や全国各地で開催されるマルシェなども含めた農産物直売所である。こうした直売所においては、通常の市場流通による「買い叩き」を回避し、農家が直接消費者に適正な価格で販売できる。結果として、生産者は潤い、消費者もいいものがあれば納得してお金を払う。つまり、生産者・消費者双方の利益が生じる。近年、こうした直売所が「新しい市場」として大いに注目を集めているのだ。

とはいえ、そこには超えられない限界があると誰もが思っていた。

「直売所での販売だけでは、お年寄りの小遣い銭程度の収入にしかならず、どう頑張っても、直売所販売収入だけで十分な農業所得が得られるはずがない」と……。

しかし、その固定観念を打ち破り不可能を可能にした直売所があった。

「そうか、こんなことができるのか」

私はそれを知ったとき、これまでに味わったことのないような感動と衝撃に震えた。

不可能を見事に克服したのが、「株式会社プラス」が和歌山県を中心に展開する農産物直売所「産直市場よってって」だ。現在、30カ所の直売所をスムーズな転送システムとオペレーションによって新鮮な品物が毎日、各店に届く連結多店舗展開を成功させている。この画期的なシステムを、私はまったく新しい流通の産みの親である野《の》田忠《ただし》氏（「株式会社プラス」名誉会長）の名前にちなみ「野田モデル」と呼んでいる。

この「野田モデル」においては、出展生産者の販売高が最高で約1億円というケースも生まれ、それ以外にも1000万円を超える出展生産者が257人に増大している。売り上げのある全生産者は4888人で産直部門の売り上げは約142億円。一人あたり売上高は291万円、これは周囲の非参加生産者の平均売上高よりかなり高いはずだ。

「直売所の多店舗化で農業の崩壊を食い止める」

野田氏はこのような高い志で取り組みをスタートさせたのだが、これまでの直売所の常識を超えたやり方を、全国に広げることが、すでに計画されている。

この流れが、他の組織の直売所とも連携する形で大きく拡大できれば、生産コストの高騰下で苦境に陥っている日本の農業経営を救う突破口になりうると大いなる期待感を持っている。

さらに注目すべきは、自社利益至上主義とは無縁ともいっていい「よってって」の経営理念である。

近江商人の「売手良し、買手良し、世間良し」の「三方良し」に、「社員良し」を加えた「四方良し」を掲げて、社員の幸福にも配慮することの大切さを強調している。

さらに、直売所の運営で得られた収益を基に、独自の就農支援事業も展開している。それと同時に、和歌山県や地元の市に寄付を行い、それに基づく県や市の就農支援事業の拡充も促している。

このような野田氏の取り組みに、他企業も触発されて、日本全国の企業が、それぞれの県や市に寄付を行い、全国的に、国の政策を補完する形で、農業振興に貢献する仕組みが広がれば、これまた、日本農業再生が大きく動き出すはずだ。「直売所革命」

と呼べる「野田モデル」の全国展開は、企業資金の集積による就農・営農支援の全国展開と併せて、日本農業と食の未来を創る、大きな力になると確信する。

世界情勢の悪化と国内農家の苦境で国民の食料確保が危ぶまれるいま、われわれは、この取り組みに学び、また、それを消費者として支えることで、日本の農業に希望の光を見出すことができるはずだ。

鈴木宣弘

2023年10月

目次

第4章 「野田モデル」がつくる日本の「シン・農業」…… 133

序　章

日本から「食べ物」が消える！ 食料危機と飢えの予兆

「物価の優等生」が起こした〝叛乱〟

卵が買えない――。

2022年10月28日に国内感染が初確認され、その後、猛威を振るった高病原性鳥インフルエンザの影響で、卵（鶏卵）の供給不足が深刻な事態となった。2023年6月までに過去最多となる1771万羽もの鶏が殺処分され、需給バランスが一気に崩れた。その結果、感染がピークアウトしても、価格の高騰が続いている。

動物性タンパクを摂取する方法として、安価で手軽に買うことができた卵は、長期にわたって安定した価格で販売されてきた。それゆえ、「物価の優等生」と呼ばれる。その高騰が止まらない。鶏卵卸大手「JA全農たまご」によると、2023年4月に入ってからの平均卸価格（東京地区、Mサイズ基準）は1kgあたり350円と、前年同月の平均に比べ65％も値上がりしている。

かつては10個入り1パックの卵がスーパーで100円程度の特売品として売られる

ことも珍しくなかった。それが2倍、3倍という値段になることが常態化したのだ。

しかも一時は買えればいいほうだという状況に追い込まれた。スーパーによっては、卵売り場の棚はスカスカで、せいぜい残っているのは高価格の地鶏やブランド卵だけという光景が続いた。あるいは、「1人1パック限り」といった数量限定で販売する店も現れた。

影響は燎原《りょうげん》の火《ひ》のごとく広がった。「物価の優等生」が起こした〝叛乱〟が襲いかかったのは、家庭の食卓ばかりではない。

卵不足が外食チェーンを直撃

牛丼チェーンの吉野家では、トッピング用の卵や「ねぎ玉牛丼」など鶏卵を使うメニューを値上げし、ハンバーグ店チェーンのびっくりドンキーでは一部店舗で卵を使った朝食メニューの販売を中止した。

博多の土産物として人気のお菓子「博多通りもん」は、材料となる「液卵」の不足で減産を余儀なくされるなど、外食産業からお菓子に至るまで食品に関わる業界すべてを鶏卵不足が直撃した。

この間、いったい政府は何をしていたのか。

過去最悪の影響が出ている鳥インフルエンザを前に、政府は2023年1月13日、関係閣僚会議を開いて対応を協議。農林水産省が日本養鶏協会と日本卵業協会を通じ、安定的な生産確保と家庭消費向けの優先供給を生産者に要請したことが報告された。

だが、現実は甘くない。

「(2022年)12月の会見で申し上げたように、あの頃は300円/キロが、たぶん1月になると下がりますと申し上げていたのですが、その後も鳥インフルエンザが続発しまして、生産のほうが縮小したことで、卵の値段がまだ上がったままです。すでに鳥インフルエンザが収束したところでは、再生産に向けて、ヒナを導入するなどしており、もうしばらくすると、鶏はすぐ卵を産み出しますので、ある程度市中に出回ってくれれば、価格も当然下がってくるのではないかと思っています」

2023年2月14日の記者会見で、当時の野村哲郎農林水産大臣はこう述べたが、その後も価格は高止まりを続けた。もはやスーパーで卵が特売になることはないのかもしれない。

日本全体の採卵鶏のうち約1割が殺処分により減ったのだから、需給が逼迫《ひっぱく》して値上がりするのは当然だろう。

たしかに鳥インフルエンザが予想以上に広がったことが原因で、尋常ならざる事態となった。だが、鶏の殺処分が峠を越しても値段は下がらなかった。

これは何を意味するのか？

食を巡る日本の環境が根本的に変わり、いままでのように食べ物が手軽に手に入らなくなる可能性が高まっている。食卓の日常を脅かすのは卵不足だけではなくなるかもしれない。明日は卵以外の食べ物を手に入れられなくなるかもしれないのだ。

なぜなら、長年にわたって日本の政府が続けてきたいいかげんな農政のほころびが、世界の環境変化によって覆い隠せない時代に入ってきたからだ。

コロナとウクライナ戦争で食料事情は一変

今回の「エッグショック」の背景には、世界の食料を巡る安定供給の構造が崩壊したことがある。前述した農水大臣の言葉のように「鳥インフルで鶏が減ったので、ヒナを買ってきました」で解決するような問題ではないし、危機的な状況は今後、鶏卵以外にも広がる可能性はきわめて高いと考えられる。

日本の農政のほころびを一気に広げる引き金を引いたのは、2022年2月24日に発生したロシアによるウクライナ侵攻だ。これが世界の農業事情を大きく変え、多くの食料を輸入に頼る日本を直撃したのである。

鶏卵不足や価格の高騰については、殺処分による影響だけではなく、鶏のエサとなる飼料もウクライナ問題を機に高騰したことが一因になっている。

「はじめに」で日本の野菜が生殺与奪権を海外に握られていると紹介したが、日本の畜産もエサを海外に大きく依存している。

鶏卵自体は97％を国内で自給しているが、鶏のエサであるトウモロコシの自給率は、ほぼゼロである。

２０２０年３月11日に世界保健機関（ＷＨＯ）がパンデミック（世界的な大流行）を宣言した新型コロナウイルス感染症。未知のウイルスへの恐怖から経済は急減速し、各国は景気の底割れを防ぐためになりふり構わぬ対策を取った。国民に対し各種の支援金をばらまき、中央銀行はマネーを大量に発行した。

マネーが市場にあふれれば、インフレ（物価上昇）が起きるのは経済の基本原理だ。インフレの火種がくすぶるなか、勃発したのがウクライナ戦争だった。

それでなくても近年上昇傾向にあった穀物価格は一気に高騰し、家畜のエサである飼料価格も急上昇。そこに鳥インフルの拡大が追い打ちをかけたのだ。

農水大臣が言っているように、仮に新たなヒナの導入が進んだとしても、生産コストが下がらなければ、元の値段には戻らない。特にエサである飼料の高騰はそう簡単には収まらない。少し戻ったかに見えても不安定な状況が続くとみておいたほうがいい。１パック１００円で買えたような夢の時代はもう戻ってこないのだ。

日本を直撃する「クワトロ・ショック」

卵に限らず、食料品の高騰は一時的な現象ではない。米国の消費者物価上昇率が9%に達するなど、インフレが世界的な懸案になりはじめた2022年以来、日本でも食料品の値上げが連日のようにニュースになった。

いや、残念ながら「なった」と過去形で表現するのは正しくないかもしれない。テレビのニュースやワイドショーで、スーパーの店頭映像を流しながら「今月も値上げが相次いでいます」とアナウンサーが神妙な顔をして原稿を読み上げる光景は今後も間違いなく続くだろう。

こうした構造的な変化をもたらした背景について私は、「世界の食料は『クワトロ・ショック』と呼ぶ4つの危機に見舞われている」と主張してきた。

(1) コロナ禍による物流の停滞

（2）中国による食料の「爆買い」
（3）異常気象による世界的な不作
（4）ウクライナ戦争の勃発

この4つである。順を追って説明しよう。

まず、コロナ禍による物流停滞がある。2020年3月に新型コロナウイルス感染症のパンデミックが発生して以降、世界各国で農作物の作付けや収穫、運搬が滞ってしまった。それがいまだに尾を引いている。

食料の輸出入はコンテナ船やバラ積み船などで行われるが、世界中の港でコロナ禍で港湾作業が滞る事態を招いた。米カリフォルニア州の沖合では、荷揚げを待つ貨物船が〝渋滞〟したことが報じられたが、バイデン大統領までが介入してようやく沈静化した。

こうした事態は、あらゆるものを輸入に頼る日本にとっては大ダメージとなった。なによりも物流の停滞は運賃の高騰を招いたからだ。コロナ禍により高騰した運賃は当然、食料価格にも反映されている。

影響は直接買い付ける農作物だけにとどまらない。農機具や肥料、種、鶏のヒナなど農業・畜産業のあらゆる生産資材の多くを輸入する日本にとって、大きなコストアップ要因になった。

コスト高が招く人手不足に出口なし

さらにコロナ禍によって露呈したのは、農業の生産現場で起きている人手不足だ。生産者の高齢化や後継者不足は以前から指摘されながらも、なんとか続けてこられたのは、いわゆる「技能実習生」のような外国人のおかげだ。

それがコロナ禍の発生によって、彼ら、彼女らが、日本に入国できなくなってしまったのである。もはや外国人労働者の手を借りなければ、日本の農業は立ちゆかないにもかかわらず、である。

特に大規模な野菜農家などでは、技能実習生がいなければ収穫作業ができない。たとえば、長野や群馬などの大規模野菜農家では、人手不足で収穫ができなくなることを見越して、作付けを例年の3分の1に減らすことを検討せざるを得なかった。

畜産でも事情は同じだ。実習生がいなくなってしまったので、酪農自体をやめてしまう動きさえある。

これもコロナ禍の収束で解決するかというと、そんなことはない。

技能実習生を巡っては、以前から劣悪な環境で働かせたり、実習生が逃げないようにパスポートを取り上げたりという問題が指摘されてきた。

そこで、政府の有識者会議は2023年4月、制度そのものを改めるべきだとする中間報告書案をまとめ、代わりに人材確保と育成のため新たな制度の創設を提案した。

新制度の詳細はこれからだが、仮に人手が確保できる仕組みになったとしても、従来のような安価な労働力として活用することは難しいだろう。なぜなら為替相場で円安が定着し、世界的には「安い日本」となってしまったからだ。外国人が日本で働いて収入を得ても、自国通貨に換算すると、かつてのような稼ぎにはならないのだ。

もっと高い給料を出さなければ、外国人は働きに来てくれない。人件費の増加は当然、生産物である食料品の価格に反映されることになる。

もはや対抗策も見つからない中国の「爆買い」

次いでコスト高騰の要因となるのが、中国の爆買いである。

コロナ以前は、爆買いというと、大挙して日本に押し寄せた中国人観光客が、百貨店やドラッグストアで桁違いの買い物をするイメージがあったが、ここでいうのは、中国が世界中の農産物を買い漁り、輸入するという爆買いである。

大豆、トウモロコシ、小麦といった穀物はもちろん、肉や魚、さらには牧草や魚粉といった家畜と水産養殖のエサまであらゆるものが対象だ。

かつての国際市場では、日本が中心的なバイヤー（買い手）として力を持っていたが、いまや中国のほうが高い価格で先に買い付けてしまう。

その伸びは驚異的だ。

中国のトウモロコシ輸入量は2016年度に比べ、約10倍にも伸びた。大豆輸入量は年間約1億トンに及ぶ。94％と全量近くを輸入に依存する日本でも、大豆の輸入量は300万トンにすぎない。

桁違いどころか、文字どおり二桁も違うのである。

売るほうからすると、どちらを大事にするかは一目瞭然だろう。もし中国が「もっと大豆を買いたい」と言い出したら、日本に大豆を売ってくれる国がなくなる可能性すらあるのだ。

この状況についてある商社の方は私にこう話していた。

「もう買い負けなんかじゃない。そもそも勝負にすらなっていない。『買い負け』という表現すら使わないほうがいい」

それを象徴するのがインフラのサイズの違いだ。別の商社の人はこう嘆く。

「中国の大連の港には荷物を下ろせるけれど、日本の港は小さくて荷物を全量下ろせない」

どういうことか。

輸送量が増大するにしたがって、コンテナ船のサイズもどんどん大型になってきたが、日本は港の整備がそれについていけず、大連の港に接岸するような大型船だと日本の港では荷物を下ろせないのだという。

それでしかたなく、日本向けの積み荷は大連でいったん下ろし、そこで小分けしてから別の船で日本に運ぶ。そんな面倒なことをしているのだという。売るほうからすると、中国にまとめて売ったほうが話が早いのである。

経済規模でみてもGDPの成長が続いている中国と、低成長から脱しきれない日本というのが現状だ。農産物を輸出する立場で考えると、ますます日本が相手にされなくなることを覚悟しておいたほうがいい。

戦争で暴騰した穀物価格の行方

3つ目の異常気象は読者諸氏も感じているところだろう。地球温暖化に伴う異常気象による世界的な不作だ。

2020年にケニアでサバクトビバッタが大量発生し、農作物や家畜が深刻な被害を受けた。これも干ばつの後に豪雨が続くなど、異常気象が原因だったといわれている。日本国内でも毎年のように台風や豪雨が発生し、農作物に大きな被害をもたらすようになった。

当然、こうした不作によって、食料価格が高騰するリスクも高まっている。今後さらに異常気象による農業被害が広がれば、生産国は輸出どころではなくなるだろう。そうなれば、自給率が低く、輸入に頼る日本は窮地に陥ることになる。

そして4つ目が、ロシアのプーチン大統領が起こしたウクライナ戦争による影響である。

日本で起きている電力価格の高騰も、もとを正せば原油をはじめとするエネルギー価格の上昇を受けたもので、あらゆるモノやサービスの値段を上げることになった。

しかも、タイミングが悪かった。コロナ対策によって世界各国で大規模な金融緩和策が採られ、じゃぶじゃぶのカネあまりだったタイミングだったことは先述したとおりだ。

そうした影響が食料を直撃した。

なにしろ、ウクライナ、ロシアともに穀物の輸出大国なのだ。戦争が始まる前、ロシアが小麦の輸出量で世界のトップ、ウクライナは5位だった。この両国が占める貿易量は世界の3割にもなる。

とうもろこしの貿易量も、両国で20%を占めていた。この両国が戦争状態になり、輸出がままならなくなった。

需給が逼迫すれば相場は上がる。そこに儲けの匂いを嗅ぎつけた投機マネーを含め、金融緩和でありあまっていた資金は世界の穀物市場に押し寄せ、相場は一気に高騰した。

化学肥料の主要産地が日本を「敵国」認定

ウクライナ戦争が貿易の姿を変えたものはほかにもある。農産物を育てるのに欠かせない化学肥料の原料だ。ここでもロシアは輸出大国である。

肥料には「窒素」「リン酸」「カリウム」という三要素があり、日本はそれらの原料について、ほぼ100%海外からの輸入に依存している。

窒素の原料になる尿素の4割弱、リン酸の原料であるリン酸アンモニウムの9割を中国に依存する。そして、カリの原料になる塩化カリウムの25%をロシアと、そのロシアのプーチン大統領と足並みをそろえるベラルーシから輸入していた。

戦争状態になると国には敵味方ができる。

ロシアにしてみれば、西側の欧米諸国と一緒に制裁にまわった日本は敵側に立つ存在だ。ウクライナ戦争以降、ロシアとベラルーシが日本を「敵国」認定し、両国に依存していたカリウムの輸入も封じられた。

製造中止の配合肥料も出はじめ、今後の国内農家への化学肥料の供給の見通しが立たなくなっている。もはや食料だけでなく、肥料のような生産資材についても、お金を出せば必ず買えるという状況が当たり前ではなくなったのである。

国内生産の高級和牛まで中国向けに

残念なことに、このクワトロ・ショックが招いた状況は今後、さらに悪化すると考えて間違いない。

まず爆買いの影響は強まるとしか考えられない。

中国の食生活は、近年、経済力の高まりとともに先進国型のタンパク質をたくさん食べる食生活に変わりつつある。かつては肉といえば豚肉で、主に国産だったのだが、今度は牛肉を食べるようになってきた。

それも、農作業に使っていたような水牛ではなく、欧米先進国と同じようにステーキを口にする食習慣が一般化してきた。富裕層だけならまだしも、中間層まで含めると億単位の人たちが牛肉を求めるようになったのである。

牛を育てるにはたくさんの飼料が必要になる。ＳＤＧｓの流れから、欧米では環境に負荷のかかる牛肉を避けようという動きも出ているが、人口14億人の中国で食生活の転換が進んだら、そんなものは吹っ飛んでしまう。

しかも最近では、日本国内で生産された高級和牛が中国向けの輸出に回る傾向まで見られる。さらに和牛だけでなく、米国産牛肉についても、中国が高値をつけるため、日本国内に輸入される米国産牛肉の価格が上昇傾向にある。

魚でも中国に買い負けるだろう

中国における食生活の転換は、水産物の分野も同じだ。

日本にとって深刻なのは、肉で買い負けるだけでなく、水産物でも買い負けが予想されることだ。

これまで中国は内陸の川魚を中心に食べていたのだが、海の魚をどんどん食べるようになってきた。水産物の買い負け現象もさらに悪化する可能性があるというのが、食生活のデータ解析から私がはじき出した結論だ。

中国の食料自給率は公表されていないが、現地の大学の研究者によると60％強だという。農水省の発表ベースで38％の日本に比べれば夢のような高い数字だが、かつてはほぼ100％だったことを考えると、かなり下がっている。今後、中国は必死になって自国民の食料を世界から買い漁るに違いない。そんな相手と日本は戦わねばならないのだ。

需要面からみてこれだけの競争が予想されるうえに、供給面でも厳しさを増す。ウクライナ問題の余波で、農業生産国では自主的な輸出規制が出はじめている。ウクライナ戦争で世界の穀倉地帯が破壊され、小麦の輸出が規制された。海外から確実に欲しいものが欲しいときに買える保証など、どこにもないことが明白になったのだから当然である。

「自国民を守るためにまず囲い込みだ」とばかりに、小麦など農産物の輸出規制をする国が続出。輸出を制限する国は世界で30を数えるまでになった。たとえば、インドのように小麦の生産量が世界で2番目の国であっても、輸出停止に踏み切っているのだ。

食料危機が発生すれば、どんな国でも自国の食料確保が最優先となる。日本にまわす分を確保してくれるなどと間違っても考えてはいけないのだ。

日本は世界で真っ先に飢える国

2008年に起きた世界食料危機の際も、世界各国は自国の消費を最優先にして、軒並み輸出停止に踏み切った。日本にとって、食料危機は他人事《ひとごと》ではまったくない。それどころか、食料自給率が低い日本は、世界で真っ先に飢える国のひとつだということを、きちんと認識すべきである。

そうでなくても世界的な需要増で食料争奪戦が激化している。そんな中、為替相場で続く円安が日本の競争力低下による構造的なものだとすると、日本が世界の食料市場で「買い負け」る状況は変わりそうにない。

先述した化学肥料も、全農の見立てによれば、2024年くらいまでには調達のめどが立つとしているが、楽観はできないだろう。在庫で持っていた分でまだまかなえているとしても、世界情勢次第ではさらに事態が悪化する可能性もあるだろう。

戦後、構築された自由貿易体制の中で、日本は海外から安い農産物を輸入し、いまの繁栄を築いてきた。第一次産業の労働力を第二次産業に移動させることで電気製品や自動車を大量に輸出できる態勢を整え、ＧＤＰで世界2位の経済大国にのし上がった。その裏で犠牲になったのが農業なのである。

そんな自由貿易のもとで成り立ってきた経済的繁栄や豊かさは砂上の楼閣に築かれているのが実態であることが明らかになった。安い農産物で生活を謳歌できたいい時代は、クワトロ・ショックによって崩れかけているのだ。

これまで日本では、食料とは「お金さえ出せば手に入る」ものだった。その認識は根本的に改めなければならないところまできているということを、われわれは大いなる危機感を持って胸に刻み込んでおかなければならないのだ。

第1章

自給率38%は幻の数値にすぎない

「クワトロ・ショック」によって日本の食がどれほど危険な局面にさしかかっているかは、十分にご理解いただけたと思う。

だが、残念ながら政府の認識は依然として充分ではないといわざるを得ない。私には本当に国民が飢えないように考えたうえで政策を決めているとはとても思えないのだ。

「いざというときはイモ」など絵空事

それを象徴するのが、農林水産省が「食料・農業・農村白書」で、輸入がストップした場合「三食をイモで」というシナリオを示したことだ。

なんらかの緊急事態が発生し、食料を輸入できなくなった場合、一日三食をイモで耐えしのごうというのである。もちろん、イモは厳しい気候条件でも栽培することができ、人類がここまで繁栄するのに大きな役割を果たしてきたことは事実だ。現在も多種多様なイモは私たちの食生活に彩りを与えている。

だからといって輸入が途絶したらイモで食いつなぐというのは、あまりに非現実的で無責任ではないのか。食や農業に責任を持つ国の政策としてあり得ない安直さだし、これが日本が打ち出す安全保障政策だとしたら世界から笑いものにされるだろう。

だが、2027年にも中国が台湾を武力併合するとの予測さえ出ている中では、本当にこんなことが起きかねない。戦時の海上封鎖で日本に貨物船が寄港できなくなったら、われわれは学校の校庭にイモを植え、ゴルフ場の芝生を剥がしてイモを植え、さらには道路に盛り土してまでイモを植えて生き延びなければならない。なぜなら、現状、日本の農家はイモばかりつくっているわけではないから、国民全員に配るには絶対的に足りない。自分でつくらねばならないのだ。

かくして危機が勃発した瞬間から国民は必死にイモ栽培に力を注がざるを得なくなる。自国が直接の戦争当事国でなくても、政府はこんな生活を国民に強いるつもりらしい。

信じたくない未来だが、あまりのインパクトのためか、新聞やテレビもこれを取り上げ、私にも取材があった。私はまず「各国が自国優先で輸出を止めた場合、日本は食料が確保できなくなる恐れがある」という現実を解説、「外国では農家が赤字になったら補填し、政府買上げで需給の最終調整弁の役割を果たしている。なぜ日本に農家を守る機能がないのか」と問題提起した。イモに頼る前にやることが山のようにあるのである。

「自給力」というまやかしの指標

それにしても、なぜこの時世で「イモを植えればいい」などという戦前のような発想が出てくるのか。

その根底には、政府の食料自給率に対する誤った考えがある。日本政府には、そもそも食料自給率を上げるつもりがない。むしろ、自給率よりも大事なのは「自給力」だという考え方だ。いざというときに、ゴルフ場にイモを植えて、一時的に食料を増産できれば、危機にも対応できるなどという発想の人が増えているのだ。

実際に農水省では、この「自給力」を指標化している。正式な名称は「食料自給力指標」と呼ばれ、国内の生産能力をフル活用し効率よく生産すれば、どの程度の食料が得られるかを表している。つまり、いまどれだけの食料を国内で確保できているか、ではなく、フル生産すればどれだけつくる能力があるのかを見ようということである。そういう論者に限って、自給率がゼロでも自給力があれば大丈夫だという。いざというときにつくれるのなら問題はない、と。

しかし、農作物をつくるのは結局のところ人なのである。もし仮に自給率がゼロとなった場合、それは国内の農業が絶滅しているということである。有事が到来したから「さあつくれ」といっても、できるはずがない。

農家が存在せず、畑は荒れ果て、作付けを教える人もいなくなっているだろう。「自給力」さえあればいいという議論は、最初から成立していないのである。

現実的には「主食はイモ」ですら崩壊しつつある

では、百歩譲って、日本の「自給力」をフルに発揮して収穫した食料だけで生活するとどうなるのか。実は農林水産省がそのモデルを示している。

●朝食

食パン半切れ（8枚切り）、焼きイモ（サツマイモ）2本、サラダ2皿、リンゴ5分の1個

●昼食

焼きイモ2本、粉ふきイモ（ジャガイモ）1皿、野菜炒め2皿

●夕食

白米1杯、粉ふきイモ1皿、浅漬け1皿、焼き魚が一切れ

いかがだろうか？

毎食イモが出てきて、動物性タンパク質は焼き魚一切れのみ――。正確にいうと、牛乳は4日にコップ1杯、鶏卵は1・5カ月に1個、焼き肉は23日に1皿出てくるので、ゼロではないが、現在の一般家庭の食卓のメニューからはかけ離れたものだ。

農水省では、この自給力を算出するにあたって、2つの作付けパターンを想定している。いまわれわれが日々メインで食べている米・小麦中心の作付けと、それよりも高いカロリー供給が期待できるイモ類中心の作付けだ。

2022年8月に同省が発表した指標によると、イモ類中心の作付けで確保できる推定必要エネルギーは1人1日2418キロカロリー。体重を維持する水準は確保しているものの、収穫量は前年度を下回った。労働力の減少や甘藷《かんしょ》の平均単収の減少、農地面積の減少が理由だ。

いざというときにイモをつくる自給力ですら落ちてきているのだ。

輸入漬けの日本、野菜の本当の自給率は4%

この自給力ですら、現実を知る者にとっては、心許《こころもと》ない概念だ。もし「これでなんとかなる」「耐えしのげる」などと考える人がいたら、ただの無知である。

政府の試算では生産転換に必要な期間は考慮していないうえ、現代の農業に欠かせ

種と飼料の海外依存度も考慮した日本の2020年と2035年の食糧自給率（最悪のケース）

	食糧国産率		飼料・種自給率*	食糧自給率	
	2020年（A）	2035年推定値	（B）	（A × B）	2035年推定値
コメ	97	106	10	10	11
野菜	80	43	10	8	4
果樹	38	28	10	4	3
牛乳・乳製品	61	28	42	26	12
牛肉	36	16	26	9	4
豚肉	50	11	12	6	1
鶏卵	97	19	12	12	2

資料：2020年は農林水産省公表データ。推定値は東京大学鈴木宣弘研究室による。規模の縮小や廃業により傾向的に生産が減少すると見込まれる。

*種の自給率10%は野菜の現状で、種子法の廃止などにより、コメと果樹についても野菜と同様になると仮定。ただし、化学肥料がストップして生産が半減する可能性は考慮されていない。

ない要素がまともに考慮されていないからだ。肥料、種子、エネルギーなどである。試算では、こうしたものが十分に確保されているという前提で算出されている。

同じことは食料自給率にも当てはまる。自給率が直近で38％（令和3年度、カロリーベース）となり、昭和40年の73％から半減。すでに先進国で最低の水準に低迷している。

農水省は自給率の低下について、「米の消費が減少する一方で、畜産物や油脂類の消費が増大する等の食生活の変化により、長期的には低下傾向が続いてきましたが、2000年代に入ってからは概ね横ばい傾向で推移しています」とホームページで書いている。だが、「概ね横ばい傾向」だからいいという話では決してない。

そもそもこの38％という自給率自体、私にいわせるとインチキである。

前述したが、穀物だろうが、野菜だろうが、植物としての食料を生産するには種と肥料が必要である。最終生産物としての食料自給率が38％でも、その元となる種や肥料まで考慮すると、自給率の姿は激変する。

たとえば、野菜。農水省の公表データによると、野菜の2020年の自給率は80％だが、その野菜の種をどこから手配しているかというと、ほとんどが海外からだ。国内で自給できている種はわずか10％にすぎない。

種もヒナも海外頼み

種は日本の種苗会社が販売しているものの、現状は約9割を海外の企業に生産委託している。それがコロナショックにより、海外の採種圃場《ほじょう》との行き来ができず、輸入がストップするというリスクに直面してしまった。もし、完全にストップしてしまえば、国内の自給率は8％になっていた。さらに肥料を入れて考えれば4％になる恐れがある。それが野菜の本当の自給率なのだ。

その後、コロナ禍はワクチン開発など各種対策が取られ、最悪の事態は避けられたものの、種の輸入が完全にストップしてしまえば、野菜の自給率は一気に4％まで下落するところであった。

鶏卵についても同様だ。

97％が自給できていることになっているが、エサとなる飼料に使われるトウモロコシの自給率はほぼゼロ。クワトロ・ショックのひとつである中国の爆買いによって価格が上昇し、有事以前の問題として日本が調達に苦労するようになっている。

高病原性鳥インフルエンザの影響が一巡しても、中国によるトウモロコシの爆買いが止まらない限り、値段が元に戻らないと私が予言したのは、こうした事情があるからだ。

では国内で一生懸命トウモロコシをつくれば解決するかというと、それでも無理である。そもそも鶏のヒナがほぼ全量輸入に頼っているからだ。

つまり、「物価の優等生」と評価されてきた鶏卵だが、事実上の自給率はすでにゼロに等しいというのが本当の姿だったのである。

先進国では最低レベルの38％という食料自給率ですら、様々な希望的観測を前提とした「砂上の楼閣」の上の数字なのである。日本という国の規模、人口、歴史などを考えると、あり得ないような惨状といわざるを得ない。

主食の米でさえ自給率10％になる可能性

残念なことに、この数字は今後さらに悪化するだろう。

農水省のデータに基づいて私は2035年の「実質的な食料自給率」を試算してみた。その結果は悲惨なものだった。2035年だから、もう目の前の話である。

以下で示すのはあくまでワーストシナリオだが、最悪の事態も視野に入れて国民の生活を守るのが政府の役割だから、この前提で対策を考える必要がある。

まず野菜の「国産率」は、2020年の80%から43%に低下する。なぜなら、生産規模の縮小や後継者難などによる廃業で生産が減少すると見込まれるからだ。

ここでいう「国産率」とは、先述した種をどこから調達したか考慮に入れていないものである。

種の国内自給率が現在と同じ10%を維持できても、国産率が80%から半減すれば野菜の実質自給率は4%となる。

同じように日本の主食である米も危機的な状況が訪れる。

国産率こそ100%水準を維持するものの、2017年以降の一連の種子法廃止と種苗法改正で、いずれ野菜と同様、10%前後の自給率に落ち込む可能性がある(種子法改正の問題については後述する)。野菜と同様に10%まで低下すると仮定すると、2035年の米の実質自給率は11%にまで低下すると推定される。

さらに、果物や乳製品、肉類もいずれも大幅に低下する。

なお、ワーストシナリオという言葉を用いたが、この試算には化学肥料の輸入が止まる可能性は含んでいない。もし有事による海上封鎖などで化学肥料が調達できなくなったら、状況はさらに悪化する。

化学肥料が調達できなくなれば、野菜、米の生産量は半減するといっていい。2035年における自給率は野菜が2%、米が6%になると想定されるのだ。

輸入に頼る化学肥料はどこからきているのか

現代の農業生産に化学肥料は欠かせない。「窒素、リン酸、カリ」が肥料の三要素といわれ、窒素の原料には尿素が、リン酸の原料にはリン酸アンモニウム、カリの原料には塩化カリウムが必要となる。

ところが、それらの資源は世界で偏在しており、日本は自給できていない。

では、どこから調達しているか。

2020年度の財務省の貿易統計によると、尿素の輸入相手国はマレーシア(47%)、中国(37%)などであった。リン酸アンモニウムは中国(90%)、米国(10%)、塩化カリウムはカナダ(59%)、ロシア(16%)、ベラルーシ(10%)、ヨルダン(5

%）などだ。

尿素やリン酸アンモニウムの主要調達先であった中国は、２０２１年秋に自国向けを優先する方針に転換し、肥料と肥料原料の輸出規制に踏み出した。

さらに塩化カリウムはロシアが主要な輸入相手国として名を連ねている。

２０２２年２月にロシアがウクライナに侵攻し、日本は西側先進国の一角としてロシアへの制裁に参加することとなった。肥料の原料は経済制裁の対象ではなかったものの、黒海沿岸の保険コストの上昇で海上輸出が止まったこともあり、商社はロシアからの塩化カリウム輸入を停止せざるを得なくなるという事態が生じた。

ベラルーシのルカシェンコ大統領はロシアのプーチン大統領の盟友であり、欧米諸国はロシアとともにこのベラルーシを制裁の対象とした。こちらも調達先の代替に追われることとなった。

ウクライナ侵攻が長期化し国内の在庫がどんどん減っていく中で、政府もようやく事態の深刻さに気づきはじめる。

ロシアのウクライナ侵攻によって相場自体の高騰が続いたからだ。

尻に火がつきはじめた政府は、２０２３年1月に野村哲郎農林水産大臣（当時）が来日したカナダのウィルキンソン天然資源相と会談し、肥料の原料となる塩化カリウムの安定供給に向けて協力を求めた。

カナダは世界の塩化カリウムの埋蔵量のうち、約4割を占める主要な産出国。日本は現在、大半をカナダから輸入しており、ロシアやベラルーシからの輸入が止まった分を穴埋めする腹づもりだが、対応が遅れたことは間違いない。

肥料は国際政治の駆け引きに使われる戦略物資

台湾危機が発生すれば、非常に高い確率で中国との間でも同じことが起こることを想定しなければならない。

中国は必ず日本への肥料原料の輸出を禁止するだろう。戦略物質を国際政治の駆け引きに使うのは常套手段だ。

実際、中国は２０１０年に尖閣諸島付近で海上保安庁の巡視船と中国の漁船が衝突する事件が起きて日中が鋭く対立した際、自動車用のモーターに欠かせないレアアースを日本に輸出することを禁じた。レアアースがないとハイブリッド車や電気自動車がつくれないとして大騒ぎになったのは記憶に新しい。

逆に、中国がＩＴなどの先進技術で台頭するのを避けたい米国は、最先端の半導体製造装置などを中国に売らないように日本やオランダなどの同盟国に要求していることが昨今の情勢だ。

つまり、普段は当然のように輸入されているものでも、戦略物資として価値があれば、国際情勢次第で調達が難しくなるということだ。電気自動車や半導体も大事だが、肥料不足で食料を生産できないとなると、国民は間違いなく飢餓の危機に直面するのである。

人口爆発で肥料も奪い合いになる

ロシアのウクライナ侵攻を契機に、日本においても、経済安全保障の重要性が叫ばれるようになった。やっと政府もその重要さに気づきはじめたようだ。

２０２２年12月、経済安全保障推進法に基づく「特定重要物資」に肥料原料など11分野を指定した。海外からの供給遮断といった有事に備え、民間による備蓄など安定供給の取り組みを国が支援する。２０２２年12月21日に日本農業新聞が報じたところによると、年間に必要な量の３カ月分相当の民間備蓄を「今後5年以内にできるだけ早期に整える」（農水省）方針だという。

しかし、この程度ではまだ十分とはいえない。ロシアがウクライナに侵攻した際、多くの専門家がなんと言っていたかを思い出してほしい。

「３カ月もあれば終わる」

結果はどうなったか。３カ月どころか、１年半以上が経過した現在でも、混迷状態は続いている。

さらに、将来の可能性として必ず視野に入れておかなければならない状況がある。中国が武力によって台湾との統一を図るという、いわゆる台湾有事の危機である。日本の目の前で発生し、日本へのあらゆる物資の輸入が脅かされる事態である。

もちろん、国も肥料の自給に向けた対策を打ち出してはいる。輸入原料などで作った肥料の使用を減らし、施肥の効率化や、堆肥や下水汚泥といった国内資源の活用も推進する考えだ。

だが、こうした方法は、かつて2008年に世界的な肥料高騰が起きたときにも対策として打ち出されたものだ。原料を輸入に頼る状況を根本的に変えなければ同じことはまた起きるのに、こちらは手つかずである。

中国の爆買いは当時より加速し、地球の人口は増え続けている。食料需要の高まり、原料確保のための旺盛な買い付けはさらに激化するだろう。

こうしてみると、日本にとっては肥料価格を押し上げる要因ばかりだ。中国の食料輸出制限、ロシア、ベラルーシからの供給停止などだけでなく、昨今の穀物価格の上昇を見て、穀物を増産する地域が増えた。

つまり、肥料の需要も増えた。肥料においても、日本は「買い負け」の危機にさらされているのである。

すべてのエネルギーが不足する

さらに根本的な問題を忘れてはならない。日本の農業、食料調達はエネルギー問題に大きく左右されるということだ。

ウクライナ問題が深刻化すると原油価格が高騰した。日銀の異次元緩和による円安もあいまって、エネルギーコストは日本のあらゆる分野を直撃している。

農業も例外ではない。いや農業こそエネルギーの塊なのだ。肥料や農薬の製造にも原油に価格が連動する天然ガスを多用する。農業の現場においても、トラクターを動かし、農作物を運ぶために石油が不可欠である。海外から農作物を輸入するにも船を動かすのは石油だ。食品を加工するのも、製品となった食品を運び、冷蔵・冷凍するのも、すべては石油に頼っているのである。

つまり、原油価格が上がれば上がるほど、食料価格がどんどん上がる。自明の理だ。

困ったことに原油価格が高騰する要因は戦争だけではない。2008年に発生した世界食料危機は、まさに原油価格の高騰によって引き起こされたという側面がある。原油価格の高騰は戦争によってもたらされたわけではなかった。

国際的なテロ事件などを背景に高騰が続く原油価格に悩まされた米ブッシュ政権は、原油の中東依存度を下げ、エネルギー自給率を高めるために、トウモロコシなどを原料とするバイオ燃料を推進する方針を打ち出した。

そのため、２００７年にトウモロコシの世界的な不作が発生すると、大ごとになった。バイオ燃料向けトウモロコシ需要が、世界の穀物価格を約3倍にも吊り上げてしまったのである。

当時、人が生存の糧《かて》として口にする食料を自動車の燃料にすることに対し、倫理的な問題を指摘する声もあった。

トルティーヤなどトウモロコシを使った食べ物で生活している隣国のメキシコは、こうした理由によるトウモロコシ価格の高騰が市民生活を直撃。アメリカに対する反感が一気に高まったが、自国の利害を優先するのはアメリカの常《つね》である。自分の身は自分で守るしかないのだ。

足元を見られる日本

欧州においても同様だ。温暖化ガスの排出削減を巡る議論で世界をリードしてきた「優等生」のはずの欧州だが、ウクライナ戦争でどんな行動をとったか、多くの人が目の当たりにしただろう。

化石燃料を使わない、電力は再生可能エネルギーで確保する、自動車は電気自動車に切り替える、などと主張してきたが、ウクライナ戦争を契機とするエネルギー不足が明らかになると、天然ガスを市場で買い漁り、相場は暴騰した。

繰り返すが、普段われわれが食べているものは、「エネルギーの塊」といっても過言ではない。目先のエネルギーの奪い合いが最優先される世界の中で、日本の農業がいかに脆弱なことか。その政策がいかにいい加減か。

エネルギーが足りなくなると、畑で作物ができても運べなくなる。トラックで運べないくらいだから、マイカーなどにガソリンは回らないだろう。都会に住む人たちは鉄道にでも乗って野菜を買い出しに行くのだろうか。

福島第一原子力発電所の事故で原発の再稼働が進まない日本では、電源別発電量のうち火力電力が約75%を占めている。つまり化石燃料に頼っているのだ。その主たるものは天然ガス（LNG）で、そのうちロシアのサハリンからのLNGが日本の需要の約9%をまかなっている。

サハリンでの天然ガスプロジェクトには日本の大手商社やエネルギー大手も出資している。プーチン大統領は日本の足元をみて接収するとの観測が浮上し、日本政府が右往左往したことは記憶に新しい。

食料のみならず肥料の原料、エネルギーを海外に依存する日本に対して、こうした重要物資を遮断することが、敵国からしてみれば非常に効果的な脅《おど》しとなることは明白だ。

今回は相手がロシアだったが、同様の事態はほかの国が相手でも起こりうる。重要物資の輸入が減ってしまう分、国内農業をどう強化していくか、実効性のある政策を早急に打たなければ、国民が「飢える」のは火を見るよりも明らかだ。

しかし、日本政府は国家存亡の要といっていい自給率を向上させようとはしない。あまりにも無責任ではないか。だから私は「このままでは飢える」と警鐘を鳴らしている。米国やヨーロッパ諸国は、自国の食料をちゃんと確保したうえで、対ロシア制裁を行っている。まず自国民の食い扶持《くぶち》を確保し、そのうえで国際政治の駆け引きを行うのが政府の役割だろう。

種子法廃止で種の危機に拍車

農業において、非常に重要な要素が種である。この種の確保も楽観できる状況ではない。

実際に食料生産に使われる野菜の種として、いま流通している主流は「F1種」と呼ばれるものである。英語では「First Filial Generation」と呼ばれ、日本語では「雑種第一代」という意味だ。遺伝的に異なる形質の固定種を掛け合わせて採れた種である。

そのF1種を使うことには大きなメリットがある。

まず形が揃いやすいうえ、よく育つ。味が安定するほか、収量や病害への耐性も持たせることができる。「両親」の良いところを併せ持たせることができるのだ。

ただし、その特徴が約束されるのは、子の一代限り。孫の代以降に出てくる形質は一定ではないので、F1種で育てた作物から種採りをして、それを植えるのは現実的ではない。それゆえ種子会社からF1種を毎年購入する必要があるのだ。

日本の農業はこうしたF1種の調達を海外に依存している。日本の種子会社から買う場合でも、圃場が海外にあるのでなんらかの事情で輸送がストップしたり、もし圃場が戦場になったりしたら種が入ってこない。

野菜については、ほとんどがF1種と考えていい。ということは、国内で8割が自給できているとする野菜だが、その現状は決して安泰ではないのだ。

さらに恐ろしいのは、日本の最後の砦であるはずの米についても、種が国内で確保できなくなる可能性があることだ。

2018年4月に非常に重要な法律が廃止されたからだ。

1952年5月に制定された種子法である。正式名称を「主要農作物種子法」という。米や麦、大豆という主要農作物については国が予算措置をして、都道府県が優良な品種を開発し、安く安定的に農家に供給することを義務付けた法律だ。

これまで都道府県の農業試験場が中心に種を開発してきたが、その予算を確保する法的根拠がなくなったことで、種子の生産量が減り、安定的な供給が難しくなるとの懸念がある。

種子法廃止に関して、一応「優良な種の安価な供給には、従来通りの都道府県による体制が維持できるように措置すべきだ」という付帯決議がなされた。だが、民間企業の参入を促進して生産資材の価格を下げるという口実に沿った農政が続くと、最終的には種子を扱うグローバル企業がシェアを奪っていくことになりかねない。国民の命の源となる種、しかも主食である米の種がきちんとした対策が講じられなければ、日本人の生殺与奪権が海外企業に握られることになってしまう。

そうなれば、たとえ戦争などが起こらなくても種の値段は上がり、農家が儲からないばかりか、作物価格も上がる。これまであった多様な種資源が失われ、消費者も選択の幅がなくなる。美味しい米の新品種が登場して食卓が豊かになるなどということは夢物語になってしまうのだ。

「米を食うとバカになる」という米国の対日戦略

そもそも日本の自給率はなぜこんなに下がったのか。

原因は二つある。まず貿易自由化で工業製品の輸出を伸ばすために農業を犠牲にしてきたことだ。

第二次世界大戦の敗戦でどん底に突き落とされた日本は、そこから奇跡の復興を遂げたといわれる。1968年にGNP(国民総生産)で世界2位となり世界有数の経済大国に躍進した。だが、その主たる理由は、電気製品や自動車といった工業製品が高い評価を得て、輸出を急増させたからだ。

そうした工業製品で競争力を確保するために政府が狙ったのは、各国が設けている関税を撤廃させることだった。

しかしながら、それと引き換えに呑まされてきたのが、日本に入ってくる農産物の関税引き下げと輸入枠の設定だった。

もともと規模の小さい日本の農家にとって、それだけで十分なダメージなのに、米欧の主要農業国は輸出のための多額の補助金をつけて価格競争を挑んできた。結果、日本の農業は壊滅的な打撃を受けてしまった。

もうひとつの原因は、米国が日本に仕掛けてきた食生活の改変政策である。日本を米国産農産物の一大消費地に変貌させ、自国の農家を潤すためである。

そのターゲットになったのが米である。日本の伝統だった米食からパン食に転換させ、米国の小麦を売りつける戦略だった。

1958年、大ベストセラーになる一冊の本が発売された。タイトルは『頭脳―才能をひきだす処方箋』。筆者は林髞という慶應大学名誉教授だった。

そこで展開されていた主張が「米を食うとバカになる」というもの。いまではトンデモ本の類いだが、なんと発売3年で50刷を超える大ベストセラーとなり、日本の食文化の変化に多大な影響を与えてしまった。

著者の林氏によると、日本人が欧米人に比べ劣っているのは、主食の米が原因なのだという。

「これはせめて子供の主食だけはパンにした方がよいということである。（中略）大人はもう、そういうことで育てられてしまったのであるから、あきらめよう。悪条件がかさなっているのだから、運命とあきらめよう。しかし、せめて子供たちの将来だけは、私どもとちがって、頭脳のよく働く、アメリカ人やソ連人と対等に話のできる子供に育ててやるのがほんとうである」（『頭脳』161〜162ページ）

科学的根拠がまったくないにもかかわらず、「慶應義塾大学医学部名誉教授」という肩書きが目くらましになり、当時は正しい学説としてまかり通ったのである。

しかもメディアもそれに便乗した。朝日新聞のコラム「天声人語」にも、「コメ食否定論」が堂々と掲載された。

「近年せっかくパンやメン類など粉食が普及しかけたのに、豊年の声につられて白米食に逆もどりするのでは、豊作も幸いとばかりはいえなくなる。としをとると米食に傾くものだが、親たちが自分の好みのままに次代の子供たちにまで米食のおつき合いをさせるのはよくない」（1958年3月11日付朝日新聞「天声人語」）

米国のグローバル戦略と自由貿易への妄信

なぜそんなバカなことが起きたのか。

当時、世界の農業生産力が大幅に高まっており、米国においては、なによりも小麦の生産過剰が問題となっていた。そこで、余った小麦を米国は日本に輸出しようとしたのだ。

その売り込み戦略として展開されたのが「洋食推進運動」である。「日本人の食生活近代化」というスローガンのもとに、「栄養改善普及運動」や「粉食奨励運動」が日本各地で展開された。これらはまさに、欧米型食生活を「崇拝」し、和食を「排斥」する運動にほかならなかった。

キッチンカーという調理台つきのバスが用意され、都市部から農村部まで日本全国津々浦々《つつうらうら》を巡回し、パン食とフライパン料理などの試食会と講演会が行われた。

「米を食うとバカになる」とのトンデモ理論を展開した林氏も一連の運動の片棒を担いだ。この講演会にしばしば呼ばれていたからだ。

こうした運動は大成功した。日本の食を守るべき農家の人々までが洗脳され、欧米型食生活を崇拝するようになってしまったくらいだ。こんな短期間のうちに、伝統的な食文化を捨てた民族は、世界史上でもほとんど例がないという。

その結果、日本の学校給食においても、朝鮮戦争で余った米国産小麦のコッペパンと、牛ですら飲まない脱脂粉乳が出された。

私はその給食を食べて育った世代だ。

あまりのまずさに米国風の食事が嫌いになってしまった。だが、日本全体としては、宣伝の効果は絶大で、我が国では米消費量の減少が始まった。

自然のことながら、消費量が減れば、米の生産が過剰となる。そして水田の生産調整が行われはじめる。

これをきっかけに、我が国の農業・農政が、国内で力を失っていったのである。

自給率低下の根底にある自由貿易信仰

かくして日本の食料自給率は38％にまで下がってしまった。

いざというときに国民の約6割が餓死してしまう計算になるのだが、先述した「真の自給率」を基にすると約1割しか生き残ることができない。

ここまで自給率が下がったのは、「食料なんてお金を出せば買える」と思われているからだろう。

有事が発生したら一日三食イモになるという記事を紹介したが、同じ紙面に「自由貿易を推進して、調達先を増やすことが大事だ」という、ある経済学者のコメントも載っていた。

「日本のような先進工業国で、農業の生産コストが高い国は、農産物は外国から輸入するほうが効率がいい」――こう主張する人がいるが、その後に発生したウクライナ戦争の影響を目の当たりにすれば、「安定供給を可能にする自由貿易」などは平和ボケした戯言《ざれごと》にすぎなかったのがよくわかる。

貿易を自由化すれば、国際分業はより進み、日本のような国では食料生産がどんどん減っていくのが理の当然である。

貿易自由化によって、食という人間として最も大事な足元がもろくなっていくことを認識し、何が起きても国民が健康的な食生活を送れるよう、最悪の事態に備えておくことこそが政府の最低限の役割である。

にもかかわらず、自動車や家電製品を世界に売るために、日本人の食の魂まで売り渡してきたのが日本であった。その結果、何度もいうようにクワトロ・ショックのような食料危機が起きたら、真っ先に飢えてしまう国になってしまった。

以前、「お金で買えないものはない」と豪語したベンチャー経営者がいた。

しかし、食べ物がなくなりそうになったら、どの国も自国民を優先する。いくらお金があっても買えないものは買えないのである。

「食料を自給できない人たちは奴隷である」

かつて、キューバの著作家であり、革命家でもあった、ホセ・マルティ（1853

〜1895）はこう語った。また、我が国でも、『道程』や『智恵子抄』を残した詩人の高村光太郎（1883〜1956）もこんな言葉を残している。

「食うものだけは自給したい。個人でも、国家でも、これなくして真の独立はない」

私たちはいま一度、この言葉をかみしめる必要がある。

第2章

「飢え」対策がチグハグな日本の農政

農業危機は亡国政治による人災

クワトロ・ショックのひとつである新型コロナウイルスのパンデミック。

皮肉なことに、このコロナ禍は一貫性のない日本の農政の姿を明らかにした。

まず時計の針を2014年まで戻そう。当時、スーパーの店頭では何が起きていたか。

バター不足である。

スーパーの棚からバターが姿を消し、菓子業界ではマーガリンやショートニングという代替品に切り替える動きが相次いだ。原因は、生乳不足で、前の年の猛暑による影響や酪農家の減少が要因だった。

実際は日本の生乳生産は2003年から減少傾向が続いていて、北海道の酪農家が頑張って底割れを食いとどめてきた。そこに、2013年の生乳不足でバター不足が発生する。

農林水産省は「畜産クラスター事業」を開始した。

これは酪農・畜産の生産基盤強化や、収益力の向上のために、補助金を交付する事業である。機械や設備の導入時に本体価額（税抜）の2分の1を補助金として拠出するといった内容だ。

この制度によって酪農家の規模拡大を後押しし、増産を進めようというものだった。「牛も設備も倍増させよ」という政府の方針にしたがって、農家は借金をして生乳生産を増やした。

その結果、供給は持ち直したが、コロナ禍の発生で状況は一転する。

外出自粛の波が吹き荒れ、国民が自宅での生活を余儀なくされた。学校は閉鎖となり、外食需要などは激減。生乳需要は一気に縮小し、乳業メーカーの乳製品在庫が積み上がってしまった。

「増やせ」といった乳牛、今度は「殺せ」

2021年になると、学校給食が止まる冬休み期間に、生乳の処理能力がパンクし、大量の生乳が廃棄される懸念すら生じた。政府が「牛乳を飲もう」と呼びかけ、関係者が全力で牛乳需要の「創出」に奔走し、なんとか大量廃棄は回避した。

だが、話はここで終わらない。

これを受けて農水省は何を言い出したか。

あろうことか、酪農家に対して、「牛乳を搾るな」「牛を処分すれば一頭あたり5万円支払う」などという通達を出したのだ。政府の指示で一度は「牛乳を増産するためなら補助金を出す」としておきながら、ひとたび余れば今度は「牛乳を搾るな、牛を殺せ」という。あまりにも場当たりで無責任ではないか。

しかも、農家に「牛乳を搾るな」といっておきながら、畜産クラスター事業はその後も継続された。おそらく農水省が予算枠を確保しておきたいからだろう。

政府は、牛乳を増産させたいのか、それとも減産させたいのか、迷走したままなのである。

しかもウクライナ戦争と円安でエサとなる飼料代は大幅に高くなり、電力料金も上がり続けている。需要減にコスト増というダブルパンチで酪農家は苦境に立たされている。私の知り合いからの話では、自殺した酪農家も出ていると聞く。

一方で、国は1993年に「関税貿易一般協定」(GATT＝ガット)ウルグアイ・ラウンド農業交渉での合意をもとに、1995年度から毎年度13万7000トン(生乳換算)の乳製品を海外から輸入し続けている。国内での生乳の過不足にかかわらず、律儀に全量を輸入しているのである。

しかし、これだけ需要が低迷し、自国で酪農家の自殺者まで出す非常事態なのに、なぜ外国産を優先するのか。しかも13万7000トンが義務であるとはどこにも書かれていないのである。

農水省による減産要請は北海道だけで14万トン。つまり、義務でもなんでもない輸入をやめれば北海道の酪農家は減産する必要などないのだ。

しかも在庫対策のため2023年3月から、酪農家が生産抑制に協力して乳牛を早期に食肉へと処理した場合、1頭につき15万円の補助金を交付しはじめた。こんなことをしてまたバターが足りなくなったら、国はどう弁明するのだろうか。

このまま進めば、日本においては、誰も政府のいうことは信用しなくなり、酪農業で生きていこうなどという人はいなくなる。そうなってしまえば、日本はバターはおろか、牛乳すら飲めない国になってしまうだろう。

米国と結託した新自由主義者の罪

自由貿易で誰もが幸せになれるというのが「幻想」にすぎないことは、ウクライナ戦争がはっきりと証明した。

にもかかわらず、その幻想をまき散らし、日本の農業にダメージを与えてきたのが、規制改革を金科玉条《きんかぎょくじょう》に訴えてきた新自由主義者たちだ。

彼ら、彼女らは市場メカニズムを全知全能の神のごとく崇め、政府によるさまざまな規制や制度に反対する。輸入関税や輸出制限は悪であり、農産物の買い取り保証価格制度などにも異を唱える。

とにかく余計な規制を外す方向で改革すれば、経済の効率が高まり、低コストで商品やサービスが提供されるようになると喧伝した。規制を取り払えば、みんなが幸せになるといいながら、規制緩和による利益は自らの懐に入れ、その結果、社会は格差であふれるようになった。

その「お仲間」は日本人や日本企業ばかりではない。

かつて保険業界などでは「市場開放」との名目で参入を認めた米国企業に多大の利益がもたらされた。それと同じように、農業の世界でも米国の穀物メジャーや、種子や農薬のメーカーの利益となる政策が横行しているのである。

これは決して大げさな表現ではない。

台頭する中国に対抗するため、太平洋を挟んで一大経済圏をつくると米国が提唱したTPP。最終的にはトランプ大統領の当選によって、言い出しっぺの米国が抜けることになったが、このTPPには、日米二国間の「サイドレター」というものが存在する。

この「サイドレター」には、「外国投資家その他利害関係者から意見及び提言を求める」「日本国政府は規制改革会議（当時）の提言に従って必要な措置をとる」といったことが書かれている。実際、規制改革推進会議は、種子関連の政策を含め、このサイドレターの合意に基づいた提言を行っていると思われる。

新自由主義者にとって大事なのは「今だけ、金だけ、自分だけ」である。

米国政府などとの「取引」が成立し、自動車などの販売につながれば、日本の食料自給率がいくら下がろうとも、農家がつぶれてしまおうとも意にも介さない。将来、日本の子どもたちが安心・安全な牛乳を飲めなくなっても関係ない。そんな風に考えているとしか思えない。

そこには食料が、人間が生きていくうえで最も根源的で欠かせないものであるとの視点が欠落している。彼らにとっては目先の利益が大事なのであって、将来、国として国民の健康や生活をどう守るかは関心外なのだろう。

そうした新自由主義者に限って、逆に米国がいかに市場原理による農業を武器に世界を支配してきたか、それがいかに自分たちに不利益をもたらしてきたかをまったく理解していない。

食料は米国の世界支配の重要な道具

農業が盛んな地域として知られている米国のウィスコンシン州。古き良きアメリカの雰囲気がなお残る中西部にあるウィスコンシン大学では、かつて農家の子弟向けの講義で、ある教授が次のような趣旨の発言をしたという。

「食料は武器であり、標的は日本だ。直接食べる食料だけでなく、日本の畜産のエサである穀物をアメリカが全部供給するように仕向ければ、アメリカは日本を完全にコントロールできる。これがうまくいけば、同じことを世界中に広げるのがアメリカの食料戦略となる。みなさんそのために頑張ってほしい」

いかがだろうか。

これが米国の本音なのである。

実際、この国家戦略は戦後一貫して実行されてきた。それによって、日本人の「食」は、じわじわとアメリカに握られていったのである。

似たような発言はほかにもある。

ニクソン政権下のアール・ラウアー・バッツ農務長官は、「日本を脅迫するのなら、食料輸出を止めればいい」と述べたという。

衰退が指摘されるとはいえ、米国はなお世界で圧倒的な力を持っている。あらゆるツール、ルート、政治力を利用して食料を使った世界支配を展開してきた。それは一見、農業とは無関係の国際機関を通じた形でもなされている。

「カリブ海の真珠」と呼ばれるハイチは、かつて奴隷制が敷かれ、サトウキビ、コーヒーを生産してきた。現在もコーヒーの産地として有名である。

そのハイチの主食は米だ。1991年に軍事クーデターが発生し国際社会による経済制裁の結果、経済は大混乱した。1995年に軍が解体され、民主化への道を歩むことになったが、そこに米国がつけ込んだ。

経済再建に向け、IMF（国際通貨基金）から融資を受けることとなった際、米国から輸入する米の関税を3%にまで引き下げることを約束させられたのだ。IMFはドルを基軸通貨とする世界経済を象徴する存在であり、当然、米国の影響力は強大だ。関税が引き下げられた結果、ハイチの米生産は大幅に減少し、輸入に頼ることとなった。そこに2008年の世界食料危機が直撃する。ハイチは米不足により、死者を出す事態となった。

日本でも、主食である米は再三にわたって米国から自由化の圧力にさらされてきたが、いたずらに関税を引き下げるとどうなるか。国民が飢えてしまうということが、ハイチの事例が示している。

米国は、IMFや世界銀行といった国際機関が、破綻した国や貧しい国に対して開発援助を行う条件として、関税撤廃や規制緩和を約束させてきた。その狙いは、米国の農産物を買わざるを得ない状況をつくるためだ。

建前は、開発援助と規制緩和によって、貧困問題を解決するということになっている。だが、それがもたらしたのは、現地の農業の破壊であり、米国からの輸入がなくては生きていけない国に変わってしまったという悲劇だ。

自由貿易、規制緩和といった美名にだまされて自国の農業を衰退させていった結果、いまや世界に食料を供給できる国は、米国、カナダ、オーストラリア、ブラジル、それから欧州の一部など、限られた国だけになってしまった。それ以外の国は、食料を輸入に頼るという構造が定着している。

米国に反対すれば左遷される農水省職員

何が起きても国民が安全な食料を確実に確保できるようにするのが政府の務めであるはずだ。にもかかわらず、逆の方向で政策が決定されてきた。その背景には、多くのシーンにおいて米国の影が見え隠れしている。

農水省が有事の際、日本人が飢えないための最後の砦として挙げるイモについても、長年にわたって輸入を迫る米国との攻防が繰り広げられてきた。

ターゲットはジャガイモである。もともと米国産のジャガイモには、「ジャガイモシストセンチュウ」という害虫が発生していることから生鮮品の輸入が禁止されていた。

それが再三にわたる米国からの要請に応じて、2006年、ポテトチップ加工用にだけ輸入期間を2～7月に限定して輸入を認めた。

さらに2020年2月に農水省はポテトチップ加工用の生鮮ジャガイモについては通年で輸入を認める規制緩和を行い、その後、ポテトチップ用以外の生食用ジャガイモの全面輸入解禁に向けて協議を開始することに合意した。

ほかに農薬の残留基準値の緩和や遺伝子組み換え品種の承認などもあるが、私の感覚では、それでも長年の米国からの要請という名の圧力に対し、よく踏みとどまってきたのである。

ある農水省OBから「歴代の植物防疫課長の中で、ジャガイモ問題で頑張った方が、左遷されたのを見てきた」という話を聞いたことがある。

ここまで持ちこたえられたのは、食の安全を守ろうとした気骨ある官僚の尽力があったともいえる。しかし、昨今の動きを見ていると、残念ながら、米国の要求リストを拒否することは難しいという現実を思い知らされる。

ジャガイモはポテトチップスやフライドポテトとして食品メーカーやハンバーガーチェーンなどで使われる。しかしながら、日本の大手マスコミでは、こうしたリスクについてほとんど報道されることはない。スポンサー企業の不利になるような食品の安全性に関わる話題に触れることになるからだ。

儲かるのは多国籍企業だけ

ウクライナに侵攻したロシアのように、戦車やミサイルで攻撃し、他国を支配すれば、それは国際社会から指弾される。

しかし、食料のような生存に欠かせないものの供給力を操って他国を支配することは、直接的な攻撃でないため目に見えて非難されるケースはきわめて少ない。

そうして世界へ影響力を行使してきた代表が米国であり、その果実を受け取っているのが世界の食料供給で力を強めるグローバル企業群だ。

彼らにとって、減少に転じたとはいえ1億2000万人もの人口を抱え、豊かな食生活に慣れ親しんでいる日本は、格好のターゲットなのだ。ことあるごとに日本の「参入障壁」を言い募り、自分たちが得意とする農産物の自由化を押しつけようとしている。

たとえば、遺伝子組み換え作物を売りつけようとする動きはそのひとつだ

これはGMO作物とも呼ばれ（GMO＝Genetically Modified Organism の略）、生物の遺伝子を人為的に変更した種子を使ってできた作物のことだ。これによって特定の特性や能力を持った作物を生産することが可能になる。

具体的には、病害虫への抵抗性が高まるほか、乾燥に強いとか収穫量が上がるといった特性がある。病気や害虫を避けるために農薬を散布するコストを減らせるだけでなく、気候変動による影響を回避することもできる。そのうえ、収穫が増えるわけだから農家にとってはメリットが大きいと喧伝《けんでん》された。

GMO種子を生産している企業の代表格が、モンサント（2018年6月にバイエルが買収し、現社名はバイエルクロップサイエンス）という会社だ。同社は「ラウンドアップレディ（Roundup Ready）」と総称される大豆やトウモロコシなどの種子を

販売している。「ラウンドアップ」という除草剤に耐性を持つように開発されたことで、この名前がつけられている。

農家の仕事のひとつに雑草取り（除草）がある。作物を元気に育て収穫を増やすためには欠かせない作業だが、大変な労力と手間を要する。では除草剤を使えばいいかというと、育てている作物に影響が出ないようにする必要がある。

そこで、遺伝子組み換えによって特定の除草剤、すなわちラウンドアップの影響を受けない作物としてつくられたのがラウンドアップレディだ。農家は雑草取りの作業が減らすことができて、与えた肥料の成分を雑草に横取りされることがないので収量も増える。モンサントは、ＧＭＯ種子と除草剤をセットで販売することで莫大な利益を上げるという構図が出来上がっていた。

遺伝子組み換え作物の表示ルール変更で日本は不利に

日本では、消費者などから健康への影響を懸念する声が強く、ＧＭＯ種子による農作物を使った食品を販売する場合は、きちんと選べるよう表示義務を課していた。

ところが2023年4月から事実上、表示義務を骨抜きにする改正がなされた。

これまでは「分別生産流通管理をして、意図せざる混入を5％以下に抑えている」のであれば、「遺伝子組み換えでない」と表示できた。

それが新たなルールでは「遺伝子組み換えでない」と表示するためには、「分別生産流通管理をして、遺伝子組み換えの混入がない（不検出）と認められる」場合に限られることになってしまった。一見、ルールが厳格化されるのは良いことのようにも思えるが、現実は逆である。

現実問題として、輸入される穀物に、遺伝子組み換え作物がいっさい混じっていないと断言するのは困難である。

輸入が94％を占める大豆では、流通過程で遺伝子組み換え大豆の微量の混入は避けられないので、国内の食品のほとんどは、「遺伝子組み換えでない」と表示できなくなる。

つまり、「遺伝子組み換え作物をたくさん使った食品」と、「遺伝子組み換え作物を基本的に使っていない食品」を消費者が見分けることができなくなるのだ。ルールを厳しくするという、いかにも消費者に寄り添ったポーズを取りながら、実際には消費者から選択権を奪うことになる。

このルール変更によって得をするのは、いうまでもない。遺伝子組み換え作物を作っているグローバル企業だ。

中国も種の自給に走る

こうした危機感から指導層が動いているのが中国だ。

実は野菜の種の自給率は日本と同程度の1割しかないといわれる。ほとんど種が輸入なので、このまま輸入をどんどん増やしていくことは大きな問題と考えたのだろう。習近平国家主席が種の国内生産を強化するよう檄を飛ばしているという。

中国では、95％の食料自給率を維持することを国の方針としてきたが、実際には年々低下し、主要な農畜産物で70％を下回るものもあるとの試算が出ている。

中国のカロリーベース食糧自給率（10億kcal,%）

		国内消費仕向	国　産	食糧自給率
2015	小麦と加工品	398,237	449,646	112.9
	コメと加工品	776,909	829,475	106.8
	大麦と加工品	24,940	6,108	24.5
	トウモロコシと加工品	923,249	967,221	104.8
	大豆と加工品	424,885	52,561	12.4
	合 計	2,548,220	2,305,012	90.5
2016	小麦と加工品	401,725	451,789	112.5
	コメと加工品	781,687	825,378	105.6
	大麦と加工品	20,895	4,333	20.7
	トウモロコシと加工品	1,060,588	962,187	90.7
	大豆と加工品	419,543	57,039	13.6
	合 計	2,684,439	2,300,725	85.7
2017	小麦と加工品	413,604	455,077	110.0
	コメと加工品	785,605	831,563	105.9
	大麦と加工品	22,386	3,548	15.8
	トウモロコシと加工品	1,074,706	945,609	88.0
	大豆と加工品	485,421	68,162	14.0
	合 計	2,781,722	2,303,959	82.8
2018	小麦と加工品	425,462	445,585	104.7
	コメと加工品	799,012	829,424	103.8
	大麦と加工品	18,943	3,129	16.5
	トウモロコシと加工品	1,132,241	938,685	82.9
	大豆と加工品	483,187	71,213	14.7
	合 計	2,858,845	2,288,037	80.0
2019	小麦と加工品	422,787	452,890	107.1
	コメと加工品	808,533	819,591	101.4
	大麦と加工品	18,260	2,943	16.1
	トウモロコシと加工品	1,207,610	951,843	78.8
	大豆と加工品	438,529	70,129	16.0
	合 計	2,895,719	2,297,397	79.3

注：①トウモロコシと加工品には輸入畜産物（牛肉・豚肉・酪農品・鶏肉）の飼料換算分を加算。
②大豆と大豆加工品には大豆油（9,000kcal/kg）を加算。
出所：FAOSTATから高橋五郎氏加工作成（一部抜粋・編集部）.

背景には、ファストフードの増加など食生活の洋風化が進んできたこともあるようだ。輸入を拡大させてきたが、米中対立の激化もある。再び自給率を高めないと、いざというときに国の存立が危うくなるという認識を持っているのだろう。

台湾問題の展開次第では、ロシアのように欧米などから経済制裁を課される可能性がある。当然、そこには食料や農業生産資材の禁輸や貿易制限が盛り込まれることになろう。中国の爆買いが止まらない背景には、「所得の向上で和牛の人気が高まっている」といった食生活の変化はもちろんだが、有事に備えて穀物などの備蓄を増やしていることもあると考えられる。

万が一、台湾情勢が懸念されているような事態になれば、日本も他人事ではない。日本に経済制裁が科されることはないものの、現在、中国から輸入している農作物は入ってこなくなる可能性は高い。

では、ほかの国から買えばいいかというと、すぐに相手先を変えられるものではないし、海上封鎖などで自由に食料を運べなくなれば、国内で生産するしかなくなるのだ。

米国が仕掛けた罠にはまり、戦略に踊らされているという事実も知らずにどんどん食料の輸入を増やし、さらに国内農業を弱体化させる政策を続けている日本は、一刻も早く目を覚まさなければならないのだ。

輸出振興というまやかし！ 食料安保の概念はどこに

クワトロ・ショックに襲われている自覚に乏しく、着々と飢えに向かっている日本。その日本を舵取りする岸田首相は国内農業を再強化するつもりはあるのだろうか。

これまで岸田政権が掲げてきた目玉のひとつに農業の輸出振興がある。味が良く、品質の高い日本の農産物は海外でも高く評価される。実際、果物など日本の農産物で「ブランド品」として高価格で人気を呼んでいるというニュースを目にした人も多いだろう。日本の人口は減少に転じて久しいが、これまで力を入れてこなかった輸出を拡大すれば農業振興につながるというわけだ。

だが残念ながら、輸出振興が日本を飢えから救うことにはならないと考えたほうがいい。

たとえば、オランダは高付加価値の農産物輸出で成功している事例として挙げられることが多い。オランダの農地面積は日本の4割ほどしかないが、農産物・食料品の輸出額では米国に次ぐ世界2位だ。これを見習って、「日本の生産者も海外でももっと売りましょう」「品質の高い日本の農産物は競争力があるはずだ」という主張である。もちろん、日本でつくったものが世界で高く売れるのなら、それに越したことはない。それ自体は私も否定はしない。

だが、そういっている人は、オランダの穀物自給率を知っているのだろうか。

日本の食料自給率は38%だが、穀物（農水省の資産分類では「穀類」）に限ると28%に下がる。オランダは、というと穀類自給率は16%しかない。

チューリップや野菜、畜産や加工食品の輸出では強いが、国民が生命を保つベースである穀物は8割以上輸入に頼っているのである。輸出を伸ばして農業で稼いでいるかもしれないが、食料安全保障という観点では日本よりも脆弱なのだ。

もっとも、オランダの場合、欧州大陸の各国と陸続きであり、周辺で有事の事態が生じるリスクもさほど高くはないだろう。ウクライナに侵攻したロシア、核開発を継続する北朝鮮、力による台湾統一の可能性を排除しない中国といった国々が隣りにあり、しかも島国で輸入による経路も限られる日本とは事情が異なる。日本がオランダのような農業を目指すわけにはいかないのである。

中国や東南アジアで日本の果物が大人気だといっても、われわれは果物だけを食べて生き延びることはできない。EUの一員として域内の他国から食料を比較的簡単に輸入できる国とは違うということを忘れてはならないのである。

大手流通による価格支配が稼げない農業を決定づけた

日本の農家を弱体化させたのは米国や日本政府だけではない。

農業が衰退した大きな要因として「後継者不足」が挙げられるが、農家にはなぜ後継者がいないのだろうか。政治家は2世、3世ばかりなのに、農家には跡継ぎがいない。その理由はじつにシンプルだ。ひと言でいえば、農家の収入が少ないからだ。

人が職業を選ぶ理由に、やりがいなどいろいろあるが、まず生活が保証される収入を得られるかどうかが最大のポイントといっていい。

現状を見てみよう。

ウクライナ問題や円安で肥料は高くなり、原油高で農機具を動かすのにもコストがかさむ。ありとあらゆるコストが上がっているのに、収入はそう簡単には増えない。政府はサラリーマンの賃上げを要求するが、農家は賃上げの対象にはならない。農産物の販売価格が抑えられてきたのは、決して直近に限ったことではない。

理由は、農産物の市場では、最も強い価格決定権を握っているのが大手小売りチェーンであって、生産者の発言力は小さいからだ。まず全国展開するような大手小売りにとって売りたい価格があり、そこから中間流通のマージンが差し引かれたうえで、農家が手にできる収入が決まる。

かつては街の八百屋で野菜を売っていたが、流通機構が巨大化したことで力関係が変わり、大手流通の力の前では、一軒の農家はちっぽけな存在になってしまった。

結果、日本の農家は、農産物の価格を上げることができず、いわば「買い叩かれて

産地vs.小売りの取引交渉力の推定結果

品目	産地 vs. 小売り	品目	産地 vs. 小売り
コメ	0.11	なす	0.399
飲用乳	0.14	トマト	0.338
だいこん	0.471	きゅうり	0.323
にんじん	0.333	ピーマン	0.446
はくさい	0.375	さといも	0.284
キャベツ	0.386	たまねぎ	0.386
ほうれんそう	0.261	レタス	0.309
ねぎ	0.416	ばれいしょ	0.373

注：産地の取引交渉力が完全優位＝1、完全劣位＝0。飲用乳はvs.メーカー。共販の力でコメは3000円/60kg程度、牛乳は16円/kg、農家手取りは増加。コメは大林有紀子氏、飲用乳は結城千佳氏、それ以外は佐野友紀氏による。

きた」のだ。それを証明するために、私たちは農産地と小売りの取引交渉力について試算した。その結果を示したのが上の表だ。

交渉力が完全優位にある場合は「1」、完全劣位の場合は「0」となる。米をはじめ飲用乳、根菜類から葉物野菜まで16品目について試算した。

これによると、交渉力が対等となる0・5に届いたものは皆無である。0・11の米を筆頭にすべての品目で産地が負けているのだ。

いくら品質や味の良いものを生産しても、結局は大手小売りがいくらで売りたいかで、価格が決まるというのが実態だ。手間暇をかけて、すなわちコストをかけても、下手をすれば採算割れになるような職業に就こうとする人が減少していくのは当然といっていいではないか。

生産者の販売力を削いできた日本

中間流通として介在する農協の協同販売は、農家の販売価格の引き上げに一定の効果を発揮してはいるものの、それでも農家サイドが押し込まれているという面は否定できない。このまま生産コスト高が続くなら、農家が生産をやめてしまい自給率はさらに低下するだろう。

むろん海外でも同様の問題はある。

だが、フランスのように買い叩きを抑止する仕組みを入れている国もある。ＥＵ全体でも、農協のような生産者側の販売組織を強化する方向の政策が採用されている。生産者側の組織を強化し、交渉力を持てるようにしているのだ。

一方の日本はというと、農協は既得権益の塊だとされ「攻撃」され続けてきた。新自由主義者が牛耳る政府の規制改革会議は農協の共同販売を目の敵にしてきた。共同販売をできなくすれば、大手流通企業が農家から農産物を購入する際に、もっと買い叩けるからだ。

小さい農家が集まって強い買い手と交渉できるようにする共同販売は、独占禁止法の適用除外で、カルテルには当たらないというのが世界の常識なのだが、新自由主義者はそれを認めようとしない。

彼らは日本の農家がどうなろうと知ったことではないのだろう。

自由貿易体制なのだから海外から安い農産物を買えばいいと単純に考えている。農業を生け贄に差し出し、自動車を海外で売る。それによって日本が栄えると主張してきた。だが、食料は自由に海外から買えるという前提が間違っていたことは、ウクライナを見れば一目瞭然である。

それでなくても大手小売りの力が圧倒的に強いのに、農協の共同販売をつぶしてしまえばどうなるのか。さらに買い叩きが激しくなり、どんなにいいものをつくっても農家が生きていく収入を得られなくなる。

しかも独禁法を運用する公正取引委員会まで動員しようというのだから始末に負えない。ほとんど脅しにしかみえないが、真面目な日本の農業関係者は「摘発するぞ」といわれると萎縮してしまい、自分たちで自分たちの販売力を弱体化するような改悪を進めてしまう。新自由主義者の思うツボという展開となっているのだが、本来なら、立場が逆のはずだ。

徹底的に買い叩いて生産者から「搾取」している大手小売りのほうを公正取引委員会に取り締まらせるべきであろう。なにしろ先述したように価格支配力が圧倒的なのだ。それは優越的地位の乱用だったり、不当廉売に当たるのではないか。そのことはまったく問われずに農家側がさらに苦境に立つ政策が進められようとしているのだ。

失政の挙げ句に生じたコオロギ論争

このように日本の政策は、国民の食料を提供する大事な生産者を駆逐するようなことばかりを繰り返してきた。

その結果が、自給率38％という惨状である。そこに起きたクワトロ・ショックで、食料品の価格は暴騰し、庶民の生活を直撃する事態になっている。

相次ぐ値上げによって国民は食に大きな不安を抱くようになっている。その不安がもたらしたのであろうか、あるショッキングな出来事が起きた。

コオロギ食論争である。

２０２３年2月半ばからＳＮＳで「炎上」したテーマだ。

その前年となる２０２２年11月、徳島県立小松島西高校でコオロギパウダーを使った給食を出した。ネット上に賛否の声が入り交じる程度でこのときはメディアに大きく取り上げられることはなかった。だが、年が明けた2月にも食用コオロギエキスを使った給食が出されたことが報じられると、ＳＮＳで議論が沸騰した。

私は、コオロギ食には否定的である。

イナゴの食習慣は古くからあるが、コオロギは未知の部分が多いからだ。コオロギ食に関しては、子どもたちを「実験台」にしてはならないと考える。

徳島県でベンチャー企業が事業を紹介し合うイベントが開かれ、そこに出席した河野太郎・元規制改革担当大臣が乾燥コオロギを試食。「美味しかった」と述べたニュースも報じられると、政府がバックアップしているとの信憑性を与えることになった。河野大臣は「(SNSで)かなりでっち上げの投稿が多数見られている」「私もそれに巻き込まれて、ずいぶん迷惑をしている」と釈明したが、こんな話がまことしやかに語られたのは、まともな農業が残らず、日本人が食べるものがなくなってしまうのではないかという危機感を利用した次なる企業利益への誘導の動きが底流にあるからだろう。

若者の農業離れは過疎化が根本理由ではない

日本の国政は、まともな食料生産振興のための支援予算は減らし続け、自由貿易という錦《にしき》の御旗《みはた》の下、米国の圧力に次々と屈してきた。

GDP2%に予算を拡大する防衛費は、近い将来10兆円になるのに対し、現在の農水予算は総額2兆3000億円にすぎない。それでいて、有事のイモ食やら昆虫食ばかりが話題になることの異常さに多くの国民も気がついているはずだ。

二言目には競争力がないと非難され続けてきた日本の農業だが、その主張はおかしい。競争力が足りないのであれば、国が強くなるように支援すべきなのである。現に、日本の自動車産業にしても、かつては箸にも棒にもかからず、欧米からは鼻で笑われていたのを、国が支援してここまで成長してきたのだ。

何度もいう。農業が衰退するということは、国民が飢える、ということだ。国民が飢えて栄えた国など、歴史上、どこにもない。それどころか飢えが発生すれば、国が崩壊するか、革命が起きて政治体制が変わってきたのが人類の歴史である。

日本の農業が弱体化したのは、農家が努力を怠ったからではない。国民の安全・安心という食の本質を忘れ、自由貿易・市場主義こそが最高であるという、私にいわせれば短絡的といっていい思想に国政が流されてきたことにある。国から大手流通のような民間企業までが、よってたかって生産者に不利益になる仕組みを作り上げてきたからにほかならない、農家は儲からなくなり、農業を志すという人が少なくなってしまったのだ。

本当に日本人が飢えてしまう前に手を打たなければならない。だが、絶望感に苛《さいな》まれているばかりではいけない。光明といっていい動きもある。

実はそのブレークスルーとなる仕組みが、ある民間企業を中心に生まれている。次章から、私が「野田モデル」と名付けた仕組みを紹介しよう。この仕組みこそ、日本人を飢えから救う可能性を秘めている。

第3章

和歌山にあった
農業の未来と希望

「1億円プレーヤー」も現れはじめた

肥料や農業資材、エネルギー……、ありとあらゆるコストは上がるが、大手流通が支配する市場構造の下、小売価格は上がらない。だから農家は儲からない。それどころか生活すらままならない。

そうして誰も跡を継がず、生産者が減る。命を守る食料のはずなのに、外圧に負けて輸入自由化だけを進め、国内生産の苦境に手を差し伸べない。結果、自給率は下がる一方――。

そんな悪循環に陥ってきた日本の農業の現状を変えることはできるのか――。

処方箋を発見した。

和歌山県で「1億円プレーヤー」の生産者が現れはじめたのをご存じだろうか。

農林水産省がまとめている営農類型別経営統計（令和3年）によると農業で生計を立てている主業経営体の農業粗収益は1638・8万円（農業所得は433・5万

円）。そんな中、和歌山県ではなぜ1億円に達するような売り上げを誇る農家が増えているのか。

和歌山の名産、梅を生産する中直農園の中山尚《なかやまひさし》さんも1億円プレーヤーの一人だ。梅のほかにミカンも栽培する代々農家の家系だが、売り上げを伸ばしたのは現在の尚さんの代になってからだ。

きっかけは、ある画期的な農産物流通の仕組みに乗ったことだった。

既存の農産物流通では農家は農協を通じて作物を出荷するのが一般的だが、いま中山さんはそれ以外のルートで7割の売り上げを稼ぐ。

このルートは売り上げだけでなく、経費などを引いた利益も格段に大きいという特

日本農業再生に挑む野田忠氏

色もある。そのおかげもあって、家族経営で細々と、というイメージとは無縁の「成長産業としての農業」を謳歌している。

この農産物流通の仕組みを私は「野田モデル」と名付けた。「野田」というのは、この仕組みを考案し、実践した野田忠氏の名前から取ったものだ。野田氏は1936年(昭和11)の生まれでとっくに傘寿を超えている。とても穏やかでスマートな人だ。若い頃には苦労もされた野田氏については章をあらためて詳述するが、この仕組みを踏襲、実践する動きが広がれば日本の農業は復活すると確信するに至った。

「野田モデル」とはどのようなものか。私は何度も現地に出向き、謙虚に語る野田忠氏の話に耳を傾けた。

「野田モデル」は稼げる農家の孵化器《ふかき》

和歌山県第二の都市、田辺《たなべ》市。「知の巨人」と称される南方熊楠《みなかたくまぐす》を生んだこの土地は、温暖な気候で知られ、農業も盛んだ。梅干しやミカンの一大産地であり、スモモの栽培も盛んだ。

近隣の白浜《しらはま》町には、道後温泉や有馬温泉と並ぶ日本三古湯に数えられる白浜温泉があるほか、風光明媚な観光地も点在している。日本一のパンダの「大家族」が暮らすことで知られる動物園「アドベンチャーワールド」もあり、最近ではパンダ目当てで訪れる観光客も多い。

そんな穏やかな土地が、農産物の流通革命の「聖地」であることを日本の大多数の人は知らないだろう。

第2章まで、何がこれまで日本の農業を痛めつけてきたか、農家が困窮し、日本人が飢えの危機に瀕していることを私は繰り返し述べてきた。「野田モデル」はその状況をひっくり返す「ゲームチェンジャー」となる可能性を秘めている。それを実践するのが「産直市場よってって」という農産物直売所を多店舗展開する仕組みである。これはいわゆる「チェーン店」とまったく違う、それぞれの直売所が個店の特徴を追求するスタイルで、その第1号店が生まれたのが田辺市だ。

「よってって」は、生産者が農産物を直接出品する直売所だ。1号店となるいなり本館は2002年5月にオープンした。なんと、野田氏66歳のときである。以来、着々と出店を重ね、現在、和歌山を中心に奈良県、大阪府に30店舗を展開する。新鮮で品質の良い農産物の直売所が話題になるケースは増えたが、ここまで多店舗展開した事例はほとんどない。

生産者名がすべての農産物に入っている

店内に一歩足を踏み入れれば、すぐに従来のスーパーマーケットとはまったく違う空間が広がっていることを実感する。

まず、「旬」の作物の圧倒的な豊富さだ。私が訪れた春先には、いなり本館の壁際はオレンジ色に染まっていた。

「不知火《しらぬい》」「あすみ」「せとか」――ずらりと並んでいるのは柑橘類だ。

和歌山といえば、ミカンの生産量が全国1位だということは義務教育で習う。だから品揃えが豊富なのはわかるが、よく見ると1列ごとに生産者が違う。袋に張ってある値札には、すべて生産者の名前が書いてあり、値段やサイズがそれぞれ異なるのだ。

壁から店の内側に目を転じると、今度はイチゴがずらりと並ぶ。こちらもそれぞれに生産者の名前が書いてあり、値段はバラバラ。果物ばかりではなく、トマトやほかの野菜もあり、陳列スタイルも同様だ。

季節ごとに店の表情はがらりと変わる。果物を例に取ると、夏は桃やスイカ、メロン、バレンシアオレンジなど、秋は温州ミカンや柿、ブドウ、梨など、冬はポンカンや八朔《はっさく》、ネーブルなどが並び、季節の味覚がふんだんに取り揃えられている。

普通のスーパーなら、生産者が違うとはいえ、同じ作物を大量に並べるような「非効率的」な売り場は決してつくらないが、「よってって」では、生産者が競い合うように収穫したばかりの「旬」の品を徹底的に並べる。

店の奥に進むと米が並ぶ。ここも特徴的だ。

米は県外産のものもあるが、こちらも当然のように生産者の名前が入っている。「つや姫」「コシヒカリ」「ひとめぼれ」――とブランド米をそろえつつも、「誰がつくったのか」にこだわっている。

魚も漁師からの委託で販売

扱っているのは農作物だけではない。

鮮魚売り場には「漁師さんから直送！ 魚の産直」の文字。冷蔵ショーケースには地元の漁港を中心に水揚げされた魚が所狭しと並ぶ。鰹《かつお》、はまち、あじなど一匹まるごと販売する魚は手数料を払うと、注文どおりさばいてくれる。

さすがに精肉売り場は、鹿児島県産の豚肉など、他県のものも目立つが、米国やオーストラリアなど海外の牛肉などは置いていない。

加工食品はもっと〝異様〟だ。

なにしろ一般のスーパーに並んでいる大手食品メーカーの商品がほとんどないのだ。しょうゆや酢のような調味料も地元産のものばかり。キッコーマンやミツカンなど、全国に名の知られた大手の商品はいっさい並んでいない。

とはいえ、品揃えが薄いわけではない。しょうゆであれば、うすくちしょうゆ、刺身しょうゆなど、食卓に必要な種類はきちんと地元産で揃えてあり、来店客のニーズに応えている。

「小遣い稼ぎ」止まりだった既存直売所とどこが違うか

「なんだ、規模が大きな直売所じゃないか」

読者の中にはそう思われた方がいるかもしれない。

たしかに生産者が作った野菜や果物などを中間流通を通さずに並べる直売所や、地元産の一次産品を取り扱う道の駅などは、いまや日本中のあちこちに見られるようになった。休みの日には、行楽がてら美味しいものを目当てに足を運ぶ人も多いだろう。

だが、「よってって」にはこうした店舗とは決定的な違いがある。

従来の直売所や道の駅で扱う野菜や果物などは、地元の1店か、多くても近隣の2～3店でしか売ることができなかった。なぜなら、中間流通が担っているような物流機能を持っていないからだ。だから農家が頑張って直売所で売ったところで、店舗数が限られ、せいぜい「小遣い稼ぎ」程度に終わってしまった。

鮮度の良さ、品質の高さや、生産者の顔が見える――など、直売所で買うメリットは広く認知されるようになったが、生産者の立場からすると販売を大きく広げることができないのがこれまでの難点だった。

そもそも、そうした配送機能を持つ中間流通を「中抜き」するのが直売所の仕組みである以上、販売網を広げるのが難しいのが宿命である。

それに対して、「よってって」は一人の生産者がつくった作物や商品を広域に販売できるのだ。和歌山を中心に奈良、大阪まで30店舗があるが、農家がある店舗に持っていくと、それを別の店舗に配送できるシステムが構築されているのである。

つまり、農家は生産量さえ確保できれば、「よってって」の店舗ネットワークの広がりに合わせて販売数量を増やすことができるのだ。

このように、直売所の限界を打破し、農家が中間流通を通さずとも自分が生産した作物を広域で販売できるようにしたのが、「産直市場よってって」。そのシステムこそが「野田モデル」なのである。

SDGsを実現している素晴らしさ

もう一度、1号店の店頭に戻ろう。店の入り口にある張り紙にはこう買いてある。

お客様への6つのお約束

一、地産地消だから新鮮
一、顔や名前が見えて安心
一、生産者の直接販売だからお手頃
一、毎日笑顔で元気なごあいさつ
一、地元の良いもの再発見
一、地場産業や農林水産業への貢献

「よってって」の特徴がここに集約されている。

なんといっても、まず地元産への強いこだわりである。和歌山県内の農家から直接、販売を委託された新鮮な農産物を取り扱い、これによって、地元の農業を支援しながら消費者に新鮮で美味しい食材を提供しようとしている。

地域との連携も重視し、販売している食材の値札には生産者の名前を入れるうえ、店舗の壁には生産者の顔写真も並べる。来店客は手に取った作物をつくった農家の顔や、収穫までの「ストーリー」を知ることができ、安心して食材を購入できる。

そして季節ごとの旬の食材を多数の生産者が提供する。コロナ禍が始まってからは難しくなったが、試食も用意されており、同じ果物でも客は生産者ごとに食べ比べて、自分の好みのものを選べる。

また、地域の農家や生産者を招いて、料理のイベントやワークショップなどを開催したり、地域住民と生産者との交流や、農業への理解を深める取り組みも行っている。

地元産へのこだわりは、ＳＤＧｓの観点からも大事だ。地元産にこだわることで輸送距離が短くなり、輸送に伴うＣＯ２排出が抑えられるのだ。地元で採れた農産物をわざわざCO2を排出して遠くに運んだり、海外から輸入する必要はないのだ。

ほとんどの店は1年で黒字化する

既存の直売所や道の駅とは異なり、多店舗展開することで「脱・小遣い稼ぎ」ができる「よってって」は、いまや30店を展開するまでになり、年間で1000万人もの来店客を数えるまでになった。間違いなく地域を代表する一大小売業になったといっていいだろう。

あえていえば食品を扱うスーパーマーケットに近い存在だが、本質的に直売所であるので棲み分けがなされている。ほかに同類の店はない。競合がないので営業活動に余計な費用を使わずにすむ。来店客はリピーターが圧倒的に多く、新規の客もほぼ口コミで集まってくる。

もちろん新規出店の際は、チラシで「店ができたこと」を告知する必要がある。それでも2~3回もチラシをまけば十分だという。ほかに宣伝、集客が必要なのは、イベントを開催するときくらいだ。

こうしてじわじわとリピーターを増やすことで、ほとんどの店は1年程度で黒字化する。2002年に1号店を出店して以来、赤字など収益低迷が理由で閉店した店はひとつもない。

独自の店作りで店自体のファンがいることも大事だが、なんといっても、生産者に客がついていることが強みだろう。

「ミカンは○○さんが作ったものを買うことに決めている」「この前買った△△さんのイチゴが美味しかったから、今日も同じ△△さんのものを買おう」といったように、何回か通ううちに客が「お目当て」にする生産者ができてくるのだ。

もちろん、大手スーパーでも生産者を明示した野菜や果物を扱うことがある。しかし、同じ種類のものを多数の生産者が競うように並べ、客がその中から自由に選べるか、というと、やはり「よってって」の規模には到底かなわない。大手スーパーが生産者をアピールするのは全体から見るとごく一部の商品でしかない。

チラシをほとんど出さないのが「よってって」の大きな特徴だが、実はチラシが出せないという側面もある。

なぜなら産直品を扱うので、生産者が「何を」「どれくらいの量」「いくらの値段」で店に置くかは生産者に決定権があり、「よってって」が値段を決めてチラシに載せるということはできないのだ。特売や目玉商品をピックアップしたチラシで客を集める大手小売りとはビジネスモデルがそもそもまったく違うのである。

イオンにもテナントとして出店

「よってって」は、既存の小売り業者と競合しないことも強みになっている。そのため、「よってって」が店舗網を広げるうえでの〝パートナー〟も増えている。

そのひとつが古くから付き合いがあり、東証プライム市場に上場している神戸物産がフランチャイズ展開する「業務スーパー」だ。

その名のとおり、業務用の大型パッケージの商品などを並べ、シンプルな包装でコストを削減し、お手頃な値段で販売するスーパーマーケットだ。飲食店などプロ向けの店名だが、一般消費者も利用でき、急成長を続けている。

その業務スーパーのうち、美浜店（和歌山県美浜町）、吉備店（和歌山県有田川町）など9店は、「よってって」の経営母体である「（株）プラス」がフランチャイズで運営していて、「よってって」を併設している。業務スーパーは外国産など輸入品を含めて割安な商品を売り物にし、「よってって」は地産地消の産直品で客を集める、という組み合わせだ。

一見するとよくわからない組み合わせで、最初は「コンセプトがおかしい」との声もあったという。しかし、食品というカテゴリーでは競合するものの、実は棲み分けができるともいえる。

コラボした1号店がまずまずの売り上げだったことから、その後も併設店が増えていった。最近では、消費者にお得なお店として業務スーパーがメディアで紹介されることが増えると、「よってって」にも好影響が出てくるようになった。

もうひとつ、大きなパートナーになってきたのが、ドラッグストアだ。もともと医薬品や化粧品、日用品を中心に扱う業態だが、食品を低価格で販売することで来店客を増やしているところも多い。

たとえば、九州から全国への進出を拡大するドラッグストア「コスモス薬品」。同社は食品などを低価格販売することで人気を博し、関東でも勢力を伸ばしている。併設しても、「よってって」の強みである産直品と、ドラッグストアが扱う食品とは競合しないので、集客などの面で両者はウインウインの関係にある。

加えてコスモス薬品は冷凍食品などの品揃えが豊富なことで知られ、一般的なドラッグストアと比べて広い敷地を確保する店が多い。

そのコスモスとの共同出店は、羽曳野《はびきの》店（大阪府羽曳野市）など現在5店舗。コスモスが比較的敷地面積が広い店を出店する場合に「よってって」に、声がかかるという。

ドラッグストアとの併設店としては、コスモス薬品のほかに、スーパードラッグキリン、ウエルシア、ドラッグセイムスもあり、合計で9店を数える。

さらにイオンなどのショッピングモールからお呼びがかかることもある。

２０１４年にイオンモール和歌山店（和歌山市）、２０１５年にイオンモール四條《しじょう》畷店《なわてでん》（大阪府四條畷市）にテナントとして出店している。いまや日本最大級の小売業となったイオンにとっても、豊富な産直品を取りそろえる「よってって」の集客力は無視できない存在となっているのだ。

現在、「あべのハルカス」で有名な大阪天王寺公園エリアの「てんしば」にも出店している。

買い物の楽しさを思い出す店舗

なぜ、「よってって」は本来ならライバルとなるような同業から声がかかるようになったのか。

それは、消費者にとって買い物の楽しさを思い出させる店になっているからだろう。

仮に、あなたがこれから年末年始の買い物に行くとしよう。買い物リストにはミカンも入っている。近所のスーパーに行ったとして、店頭にならんでいるミカンは2〜3種類くらいだろうか。

それが、「よってって」の場合、選択肢が圧倒的に多い。同じ種類の果物が生産者別に並んでいるのだ。売るほうも自分の名前が入っているので、自信のないものは店には置けない。品質だけでなく、中間流通をスキップしているので、価格もお手頃だ。

野菜も同じだ。大手スーパーなら形が良くないとして、店頭からはじかれるようなものも並ぶ。キュウリが多少曲がっていようとも、スライスして調理するなら何ら影響がない。そうした「規格外」のものを生産者が販売するのも自由だ。「形よりも鮮度」という消費者にとっては、そちらのほうがメリットがあるだろう。

生産者、消費者、地域、従業員の「四方良し」を実現

「よってって」が掲げるのは「生産者」「消費者」「地域」「従業員」に喜ばれる「四方良し」の経営だ。

対消費者については、ここまで述べたとおりだが、本書のテーマである「日本を飢えから救う」うえで大事なのは、生産者にとって大きなメリットがあることだ。

現在主流の農業は、生産者である農家が育て、収穫し、出荷した作物は、農協（JA）や卸売市場など中間流通を経て大手スーパーや青果店などの店頭に並ぶ。その各段階でマージンが抜かれ、最終的には100円で売れた作物の売り上げのうち、生産者が手にするのは30～40円というのが一般的だ。

もっとも中間流通には、各生産者から集まった大量の作物を効率的に小売店に並べるという機能があり、一概に否定されるべきものではない。いわゆる「卸《おろし》」というビジネスが発展してきたのは、流通の流れを整えるという機能が必要とされてきたからだ。

だが、問題は前章でも触れたように、大手小売りの圧倒的な支配力に沿って価格が抑え込まれてきたことである。どれだけ手塩にかけて品質や味のいい作物を育てても、「この値段では売れない」と大手小売りが判断すれば、思うような値段で売ることは難しい。それが可能なのは、ごく一部のブランド作物だけである。

こうして生産者の努力に関係なく値段が決まってきた構図を変える可能性を秘めているのが「よってって」なのだ。生産者は、自分がつくったものを自分の決めた価格で小売店の売り場に並べ、実際の売れ行きを目の当たりにすることで、消費者がどう評価してくれるのか、ダイレクトにわかる。

ほかの生産者より質がいいと消費者に評価されたものには高い値段がつき、自分の実入りは連動して増える。そもそも中間マージンがない分、手取りも多い。次章で詳しく説明するが、販売価格の約70~80%が生産者の手元に残る。既存流通のおよそ2倍だ。

廃棄に伴う食料ロスも少なく抑えられる。多少形が悪く、従来なら「売り物にならない」と小売りから拒否されることを見越して廃棄していたものでも、値段次第では商品になる。自分の判断で「わけあり商品」として「よってって」の店頭で並べれば、「ああ、あの○○さんがつくったものね」というファンが買ってくれるようになる。食べ物を大事にするのは、SDGsの流れにもマッチするではないか。

もちろん、すべて売れるとは限らない。だが、いったん中間流通に作物を手渡せば、最終的にどれだけ売れているかすらわからないこれまでの農業と比べると、やりがいがあるのは明らかだ。

後継者がおらず、高齢化が進み、効率化に向けた意欲やイノベーションが乏しくなっていたことが、日本の農業が抱える課題だと指摘されて久しい。

だが、それもこれも儲からないから継ぐ人がいないし、継がせるほうも自信を持って勧められないことが根本的な原因だろう。

それが、儲かる目算が立つのであれば、話は変わるはずだ。

豊かな生活ができるような収入が見込め、誇りを持って仕事ができるのであれば、跡継ぎも喜んで農業に就くようになるだろう。他業種から農業を始めようとする人も増えるに違いない。

売り上げは右肩上がり

本章の冒頭で、「よってって」を舞台に「1億円プレーヤー」の生産者が現れたと紹介した。もっとも、私が注目するのは1億円プレーヤーだけではない。

ごく一部の生産者が稼いでも、それ以外の農家が活力を失えば日本の農業は復活しない。新自由主義によって格差が広がり、限られた富裕層が資産を増やし、中間層以下が没落してしまったどこかの国のようになっては意味がないからだ。

その点、「野田モデル」は違う。

全体の底上げにつながっていることを強調したい。トップ層だけではなく、それ以外の農家も恩恵を享受していることが数字から見てとれる。

「よってって」全体での生産者の売上金額は、2022年に前年比7・4%増となった。販売数量も同3・8%増である。「よってって」経由で年間1000万円以上を販売する生産者は249を数え、前年の217に比べて32も増えた。そのうち3000万円以上は84、5000万円以上は16を数える。

これは弱肉強食の世界ではない。そこには誰かが儲かれば、誰かが損をするという優勝劣敗を前提にした競争はない。新自由主義者が目指す姿とは一線を画している。「野田モデル」には頑張った者が正当に報われる仕組みがあるのだ。

生産者が自分で価格を決める農業に

冒頭で1億円プレーヤーとして紹介した中直農園の中山さんも、誇りを持って農業を生業にしている一人だ。1975年生まれの中山さんは、17代続く農家の跡取りだが、稼げる農家を目指すことになった強烈な原体験があるという。

それは中学3年生のときのことだった。

小さい頃から親の手伝いをしていた中山さんは、いつものように父親とトラックに梅を積み込んで仲介業者に持って行った。すると相手は思わぬことを言った。

「これはちょっとものが悪いね」

中山さんの目から見て、どうみても品質はいつもと変わらない。ほとんど言いがかりのような気がしたが、そういって値段を下げられたのだ。

「ここまで頑張ってつくったのに、最後にポイッと（値段を）決められるんか」

残ったのは納得いかない思いだけだった。

これだけならまだいい。梅が品薄になると今度は「持ってきてくれ」と簡単にいわれるのだが、特別に高く買ってくれるわけでもない。

小さい頃から農家の跡を継ぐことを決めていたが、「世の中はこうできているのか」と身をもって知った中山さんは、農業をビジネスとして捉えるために大学に進むことにした。

近畿大学の商経学部商学科で学びながら、梅干しなどの加工食品をどうパッケージングして、ほかの商品とどう差別化するかをゼミの仲間と研究した。

一方で、週末などを使って和歌山の実家に帰ると、近隣で評判のいい農家を訪ねて回った。父親や知り合いに聞いて5軒の農家を選び、毎月のように足を運んだ。どんな剪定をしているのか、どんな肥料をどれくらい与えているのか、など根掘り葉掘り教えてもらったのだ。

「ほぼストーカーのようなものだった」と振り返るが、もともと特に知り合いというわけではない相手でも、親の跡を継ぐ大学生と知るとみんな親切に教えてくれたという。

そんな大学生活を送るなかで知ったのが、「よってって」だった。ちょうど1号店である「いなり店」がオープンする頃で、大学の先生のアドバイスもあり、出品することにした。それが「野田モデル」との出合いだった。

ワインのように農業をブランド化する

「よってって」はその後、次々と店舗を増やし、中山さんは「いなり店」以外への出品を増やしていった。

大学を卒業後、跡を継いで約20年。「よってって」経由で、販売額は1億円近くになる。残りは、宅配で売ったり、以前買ってくれたお客さんに直接販売したりしている。従来のメインルートだった農協を通した販売はまったくないという。

最初200万円程度だった直売所経由の売り上げは、多店舗に展開するシステムを持つ「よってって」で委託販売することで急増した。これまでの累計売上高は7億円に達するという。

販売が伸びればやる気も出る。別の畑を購入して規模を拡大しているほか、加工にも乗り出して自らの写真をパッケージに入れた梅干しとして販売し、さらに売り上げを伸ばしている。

そんな中山さんが目指すのは、農業のブランド化と農業の社会的地位の向上だ。参考にしているのはワイン造りだという。「ぶどうからワインを生産して販売するというシステムと、梅を生産して梅干しなどに加工して販売する流れは重なる部分が多い」という。

そして、日本の農業で一番の欠点と考えている社会的地位の低さを解消していくのが目標だ。農業をブランド化し、「なりたい」と思ってもらえる職業にする。「ブランド力を上げられる方法は、生産者名でわかってもらうこと」

そう考える中山さんにとって、直売所を多店舗展開し、自分の名前で幅広い消費者に直接売ることができる「よってって」は理想的な存在なのだ。

どうだろうか。「よってって」が実践する「野田モデル」では、大手流通の意向を受けた中間流通による「買い叩き」にさらされることはない。自分で工夫し、自分で努力をすれば、それだけ報いられる。だから、農家もやる気を出して仕事に励む。中山さんのように、将来のことを考えて規模を広げたり、投資に踏み切ったりする人も増えていく。

「野田モデル」は生産者の希望の星

日本を飢えから救うには、生産者が誇りをもって仕事ができる環境を整備することが欠かせない。つくる人がいなくなってしまえば、その国の農業は終わりだ。いいものをつくっても徹底的に買い叩かれる。コストが上がっても出荷価格はなかなか上がらない。そうした現状を変えることが日本の農業を復活させる第一歩になるはずだ。

「野田モデル」は、これまで不当な扱いを受けてきた生産者にとって福音だった。「クワトロ・ショック」によって将来の食に不安を抱える日本の消費者にも大きな希望と確信している。

第4章

「野田モデル」がつくる日本の「シン・農業」

大手スーパーの限界と課題

生命の源である食料という最も大切なものをつくる「農業」――。

しかし、日本ではそんな大切な産業が徹底的に虐《しいた》げられてきた。その結果が38%という食料自給率であり、ロシアのウクライナ侵攻やインフレが起こったとたんに食卓が直撃されている。

そのひずみを解決し、農業の復活、食料供給の安定という課題解決に導く切り札が「野田モデル」であると私は考えている。本章では、その仕組みと強みについてもっと詳しく述べていきたい。

これまでたびたび述べてきたが、農業復活のカギとなるのは、なんといっても流通の「出口」である。「出口」とは、流通過程において消費者の手元に農産物が渡る部分だ。ここで不当に買い叩かれず、正当な所得を農家が得られるような仕組みをつくることが不可欠なのだ。

まず、現状はどのように農産物が流通しているかを整理し、その課題を浮き彫りにし、「野田モデル」が持つ強みを見ていこう。

現在の日本において、一般の消費者が農産物を買う場所にはオンライン販売を含めいくつかルートがある。とはいえ、主流はスーパーマーケットだろう。各地にある地場資本の食品スーパーから、巨大ショッピングモールを運営する全国チェーンが展開するものまで、さまざまな形態がある。

消費者が野菜や果物などを購入する場は、かつては地元商店街の八百屋など個人商店が中心だった。しかし、こうした店はごく一部を除いて廃《すた》れてしまった。現在では、日本の消費者が農産物を購入する場所としてはスーパーがメインになっている。特に力を持っているのが、最大手のイオンを頂点とする大手チェーンである。

その特徴を整理すると次のような点が挙げられる。

まず幅広い品揃えだ。生鮮食品から加工食品まで多くの商品を取り扱っており、その種類やブランドの選択肢が豊富だ。多様な消費者のそれぞれの需要に対応できる品揃えと規模の大きさが魅力となっている。

品質については、バイヤーによるチェックが入り、一定の品質のものが店頭に並ぶシステムが確立している。

さらに大量仕入れと自前の物流システムを武器に、競合店に負けない安い価格で商品を提供し、特売やキャンペーンなどの販促活動も積極的である。独自にポイントサービスや会員制度なども設け、多くの消費者の囲い込みにも成功している。

豊富な品揃え、バイヤーが選んだ一定品質の商品、どこのお店に行っても同じような商品があるという安心感、競争がもたらす手頃な価格——。こうした消費者のメリットを武器に、消費者の支持を獲得してきた。

ただし、規模の拡大と効率性を追求することによるデメリットもある。

ひとつはどうしても「没個性」になってしまうことだ。

全国もしくは広域で展開するチェーンであるため、品揃えなどで統一性が求められる。本部の意向が強いため、地域の特産品など地元の商品が並ぶ余地が少なく、その結果、どの店でも似たような商品が並ぶことになる。

農家の所得は「イオンがいくらで売るか」で決まる

こうした「没個性」ともいえる特徴は、地域が持つ農業の多様性にはマイナスに働く。さらには、消費者にとって買い物の楽しさに乏しい店になりがちだ。

広域で一括仕入れをする傾向があるため、オペレーションによっては食品の鮮度に差が出ることもある。

そしてなによりも、価格重視の傾向が強いので、結果として生産者に対する買い叩きにつながってしまう。大手小売りと生産者の間に入る中間流通の段階で、「あるべき」店頭価格を前提に阿吽《あうん》の呼吸で価格調整がなされるのが実態なのだ。

前述したある仲卸業者の人の話だ。

「農家さんに払う価格は、大手流通がいくらで売るかで決まる。われわれの仕事はそこから逆算して（生産者から）買ってきてねということ。申し訳ないが農家さんのコストは関係ありません」

大手スーパーだけが悪いわけではないが、この言葉に日本の農業が衰退した理由が集約されていると思うのだ。

天候不順などで野菜が不作になり「レタスが大幅に値上がりした」というニュースが流れることがあるが、「あれも競《せ》りで、ある範囲内におさまるようにだいたい決まっている」そうだ。

こうした風潮は日本で全国展開する大手チェーンが力をつけるようになってからの傾向で、ますます拍車がかかっている。

大手流通にない強みがある直売所

つまり、大手チェーンの台頭が日本の農業を弱体化させた側面がある。少なくとも、要因のひとつだと私は考えているのだが、一方、ある意味でその裏返しとして、人気を集めているのが直売所と呼ばれる形態だ。生産者自身が農産物を直接販売する場所や店舗のことである。最近ではインターネットを通じた販売も増えている。

その種類は、ＪＡのような組織が運営するものから、企業によるもの、農家自身が運営するものまで多様である。地方の道端などに置いた棚に野菜を並べて、横に代金を入れる箱が置いてあるような光景を見かけるが、これも立派な直売である。

また、テレビの情報番組などでよく取り上げられる「道の駅」にも、生産者が作物を並べるスペースがあり、こちらも直売所の一形態である。

そこでは、実際に作物をつくった農家が自ら商品を出品し、販売する。ときには生産者が自ら店頭に立ち、消費者に品質や料理方法など直接説明することもある。

消費者にとっては、どんな人がどういう作り方をしたのかを知ることができ、スーパーなどとは違った買い物経験ができる。たとえば、農薬や化学肥料に頼らない、いわゆる有機栽培の作物を求める消費者にとっては、生産者の顔が見えることは大きな安心材料であることは間違いない。

生産者との距離も近いことは鮮度の面においても大きな意味がある。

収穫直後の新鮮な農産物を近隣の直売所で提供することが多いので、消費者は鮮度の高い商品を買うことができる。

距離の近さは、いわゆるフードマイレージ（Food Mileage）の面でもメリットになる。

これは食品輸送に伴う二酸化炭素（CO2）排出量や環境負荷を測る指標で、生産地から最終消費地までの輸送に伴うエネルギー消費やCO2排出量を推定する。SDGsの観点からも注目されており、直売所経由の販売は環境に優しい。

地元で採れた農産物を扱うことから、消費者にとっては、季節の野菜や果物などの地域特性や「旬」を感じられる。食の豊かさを考えるとき、「旬」は大きな要素だ。

生産者の側から考えてみよう。

なんといっても、販売した際の「取り分」が多いというメリットがある。

理由はじつにシンプルだ。卸など中間流通のマージンや大手スーパーが確保する粗利がないため、最終販売価格が同じであれば、その差額分が自分の懐に入る。

既存流通での販売価格より少し安く売れば、買い手売り手の双方にメリットがある。加えて、品質に自信のあるものは高く売るといった価格決定の主導権を生産者が持てるという大きな特徴もある。

生産者の「小遣い稼ぎ」にすぎなかった従来の直売所販売

ただし、生産者の側から考えると、こうした直売所には克服しなければならない課題がある。

基本的には1店舗、多くても2～3店舗でしか展開していない。そのため、ある程度の量を生産する生産者にとって主流の販路にならないという点である。

たとえば、令和4年度までに全国で約1200カ所まで増えた道の駅は農産物の直売所としても人気を博しており、場所によっては大変な人気スポットになっている。JAが運営し地域で販売を伸ばしている直売所もある。

一見すると直売所が広がっているように見えるが、生産者からすると自分のつくったものを売る店舗は限定されてしまうのだ。あちこちの直売所で売ろうとすると、手間ばかりかかることになる。だから、ある農家の人の間ではこんな言葉がしばしば交わされていた。

「直売所で売っても、おじいちゃん、おばあちゃんの小遣い稼ぎにしかならない」

そのため、いい仕組みだが、メインの販売先とはなり得ないというのが共通の認識だった。結局、「量」を稼ぐためには、農協を通すなど、従来の中間流通を経由した販売が中心となり、直売所は「ちょっとした副業」の域を出ないというのが、ほとんどの農家の受け止め方だったのである。

生産者にとって、直売所で販売することは、大手流通主導の支配から脱却するためのシステムであることは間違いない。それがうまく機能すれば、生産者は経済的に豊かになり、生産基盤を強化できる。ひいては日本の農業復活につながっていくのだが、そこに「量」を稼げないという構造的な問題が立ちはだかっていたのである。

ひとつの要因は、物流ネットワークが欠けていたことである。

生産地の近所だけではなく、離れた店舗でも販売しようとすると、作物を運ぶ仕組みが必要となる。しかも生鮮食品を扱う以上、スピードも求められる。少ない店舗で運営することが前提になっている既存の直売所では、そうした仕組みを構築しようという発想はあっても、容易にできることではない。

では、実際に直売所の運営も手がける農協のような組織がやればいいかというと、実はそうもいかない。農協は「JA××（地域名）」といったように、それぞれのテリトリーごとにあるJAが運営しているので、よそのテリトリーに直売所を広げるというインセンティブが働かない。

もちろん、店舗での直売のほかに、生産者が直接インターネット販売をするといった方法も考えられるが、こちらも配送や広告・宣伝、顧客管理など幅広い対応が必要となるので、個々の生産者が簡単に手を出せる方式とはいいがたい。

ここまであげてきたような直売所の課題をクリアするにはどう対処すればいいか。

それらをまとめて解決するのが「野田モデル」なのである。

独自の「転送システム」で多店舗販売が可能に

○月×日

爽やかな青空が広がっている。昨日と同じように畑に出てミカンを収穫。8つずつ袋詰めにして、自分の名前と値段を書いたラベルを貼る。今年はできがいいので去年よりも50円高くしても売れ行きは好調だ。

袋詰めとラベル貼りが終わり、所定のかごに入れてトラックの荷台に積み込む。行き先は車で30分くらい走ったところにある、「よってって」の「◇◇店」。開店前の店に入り、果物売り場に並べる。すでに3軒のライバル農家が売り場に並べており、顔見知りの△△さんにあいさつをする。

今日はどちらが先に売り切れるか考えながら、店舗の横にある集配場所に向かう。トラックから残りのミカンを降ろし、「○○店」「××店」……といったように分けられた行き先別のカートに積み込んで今日の出荷作業は終了だ。

（中略）

夕方、スマホの通知音が鳴った。メールを開くと送信者は「よってって」。日々、各店舗での商品の売れ行きを知らせてくれる。今日はどうやら「××店」での販売が好調で、もう売り切れてしまったようだ。明日は「××店」向けを多くしておこう。

これは「野田モデル」を実践する直売所、「よってって」に出荷するある生産者の経験を元に再現した架空の日記である。あくまで創作だが、こちらを元にしながら解説していきたい。

「よってって」をひと言で説明すると、多店舗展開する直売所ということになる。最大の特色は、生産者が多数の店舗（直売所）に収穫した農産物を並べることができるということだ。

買い叩かれずに十分な利益を確保しつつ、販売数量を伸ばせるという、これまでにない仕組みがちゃんと運営されているのだ。そのカギとなるのが、同社が「転送システム」と呼ぶ物流の仕組みだ。

「よってって」で販売する生産者は、まず「母店」と呼ぶ店舗を決める。ほとんどの場合、生産地の一番近くにある店舗を選ぶことになる。

出荷前、生産者は収穫した作物をビニール袋に入れて、表には生産者名（主に自分の名前）と値段を書いたラベルを貼る。それをトラックに積み、母店に自分で持ち込む。

母店での作業は主に2つ。

ひとつは、袋詰めにした作物を店頭に並べ、売り場をつくることだ。生産者によっては開店後も店頭に残って、来店客の質問に答えながら、自分が収穫した野菜や果物を売り込む人もいるという。

もうひとつが、店舗のバックヤードにある集配場所に、作物を持って行くことだ。そこには行き先となる「よってって」の店舗別にカートが並んでおり、自分が販売したい店舗向けのカートに作物を載せたパレット（かご）を積み込む。すると、各店舗を巡回しているトラックが「転送」してくれる。夕方、母店に持って行けば、翌朝には別の店舗で店頭に並ぶ仕組みなのだ。

物流センターから1時間半で店舗に

先の日記の生産者の場合、収穫した作物を自分で持ち込む「◇◇店」が母店であり、カートの目的地である「○○店」「××店」……が転送先となる。

母店のほかにどんな店で販売するかを決めるのは生産者自身だ。母店だけでそれなりに稼げればいいという人もいれば、多くの店舗に転送して売り上げを伸ばしたいと考える人もいる。それは生産者自身の販売戦略次第だ。

「よってって」は、和歌山を中心に、奈良、大阪まで30店舗が展開している。

転送システムを活用し多店舗で販売すれば、販売量は大きく増やせる。年間に数千万円から1億円超を稼ぐ生産者がいることを紹介したが、それはこの転送システムを活用したことで可能になったのだ。

「おじいちゃん、おばあちゃんの小遣い稼ぎにしかならない」

多くの生産からそう思われていた直売所という販売システムの限界――。「野田モデル」は転送システムを導入することによって、その限界を突破することに成功したのである。

転送システムは当初、母店の間を巡回する形で、作物の入ったパレットを運んでいた。しかし、店舗数の増加に伴い、２０１３年に和歌山県南部の御坊市《ごぼうし》に集配センターを設置した。その後、さらに店舗が増えると２０１８年に和歌山県印南町《いなみちょう》、２０２

0年には紀の川市にも集配センターを稼働させた。これによって、和歌山から奈良、大阪に至るまでの地域をカバーできる物流体制が整ったのである。

現在、物流業者2社と契約を結んでおり、近くの母店間を巡回して商品（作物）を転送するほか、各母店から物流センターにいったん集め、そこで積み替えて各店舗に転送する方法を採っている。

この転送システムを効率的に機能させるため、店舗と物流センターの立地は厳選されている。両者の距離が遠ければ鮮度に影響するからだ。「野田モデル」では、物流センターから1時間半以内に運べる立地に出店するのが基本ルールになっている。

それによって、早い店舗ではその日の午後、どんなに遅くても翌日の朝一番には、転送先に指定した全店舗で商品が販売できる物流ネットワークが構築されたのである。

店頭在庫の状況も農家と共有

さらに特筆すべき点は、店舗での販売情報を生産者と共有していることだ。

先の日記で、実際の店頭での「販売数」が農家に送信され、売れ行きに応じて出荷数量を調整している様子を紹介した。実際に、出荷量、販売量の拡大に意欲的な生産者はこのメールを活用して追加出荷したり、店舗と電話でやりとりしたりして情報収集に努める人もいる。

自分の作物がどれくらい売れているか、毎日把握できるようにすることで、出荷量を調整し、販売効率を最大化できる。

これは、ひとたび出荷したら、どこで売れているのか（あるいは売れていないのか）が見えなくなる既存流通での販売とはまったく異なる。

自分が手塩にかけた作物が消費者の支持を得て、売れることが体感できれば、農家の生産意欲に好影響を与えることは当然だ。それは日本の農業復活には欠くべからざる要素であることは誰にでも理解できる。

農家の粗利は既存流通に比べて約2倍

転送システムをベースとした多店舗展開によって、直売所の課題を乗り越えた「野田モデル」。

次は収益面から検討してみよう。

農協や卸売市場など中間流通を経由する農業流通では、各段階でマージンがかかることから、たとえば最終的には100円で売れた作物の売り上げのうち、生産者が手にするのは30～40円というのが一般的である。

それに対し、「よってって」では、生産者が差し引かれるマージンは、出品の手数料である販売額のうち約20%前後だ。

また、母店以外で販売する場合は、転送業務のコストを上乗せする形になる。それでも、100円のうちおおよそ70～80円が手元に残る。既存流通に比べると実に2倍の粗利となるのである。

あえてリスクを挙げるとすれば、売れ残りのリスクを生産者が引き受けるという点だ。

大手スーパーで売れ残っても、一度出荷した作物は「返品」されない。しかし、「よってって」では、在庫リスクは生産者にある。売れ残ってしまった場合、生産者が引き取ることになるので、常に同じレベルの粗利が保証されるわけではない。

ただ、これはほかの直売所でも事情は同じだ。

実際には値付けが高すぎるなどの理由で売れ残った場合、生産者は「学習」して売り切れる値段をつけるようになるという。ひと言でいえば、農家が自ら手がけた作物の市場価値を意識するようになる仕組みなのだ。

こうなると、「買い叩き」によるあきらめから、「工夫」による希望が生まれる。在庫リスクという生産者側が負うべき要素があるとはいえ、ロシアによるウクライナ侵攻や世界的なインフレで、肥料、エネルギー価格が劇的に高騰し、赤字を垂れ流すような経営を余儀なくされている中、自分の努力で高い粗利を得られる「野田モデル」は農業生産者にやる気を引き出させているのである。

ローコストオペレーションを徹底

中間マージンを排除して販売できるという直売所のメリット、そして、多店舗展開で販売量を増やせるという大手流通のメリット、両者を兼ね備えるのが「野田モデル」だ。

もっとも、大手流通とは異なり、このシステムに巨額投資は難しい。それだけに徹底したローコスト経営を掲げている。たとえば、新店舗の開店におけるスタンスだ。新店を出すときには既存の小売業などがさまざまな理由で撤退を余儀なくされ、空き店舗になったところを選ぶのが基本だという。

そして、標準的な店舗面積は550平方メートル（約170坪）と一般の食品スーパーに比べると小ぶりなつくりになっている。

ただ、品揃えは地元の農産物や鮮魚などの一次産品が中心で、大手食品メーカーがつくる、いわゆるナショナルブランドの商品は扱っていない。ほかのスーパーとはまったく異なる品揃えなので、規模を比べる意味はあまりないだろう。ローコストを追求しているのは、物流センターも同様だ。

2020年に稼働した紀の川市の物流センターは、以前、大手食品メーカーが倉庫として使っていた施設を使っている。

また、大手流通とはまったく異なるビジネスモデルなので、他店との価格競争とは無縁、したがって広告宣伝費もほとんどかけない。

広告が必要なのは、新店の認知度を上げるまで。

「『よってって』に行けば、採れたての新鮮な野菜や果物がある」。そういう客が増えて通うようになれば、あとは口コミでどんどん来場者の数は増えていく。

だから、店舗の運営から集客まで余計なコストは極力そぎ落とすことができる。その結果、農家への支払いも増えてウインウインの関係をつくれるのだ。

北関東、九州でも「野田モデル」展開へ

和歌山県に誕生した「野田モデル」は、その後、奈良県、大阪府へとエリアを広げている。3府県がひとつのマーケットとなり、転送システムでつながった広域の直売所ネットワークができたことで契約生産者の販売も大幅に増加した。そのため、「1億円プレーヤー」といわれるような稼ぐ農家を輩出している。

日本の農業は、稼げないから担い手が減り、国内での農作物の供給は低落傾向をたどってきた。

その帰結が食料自給率38%（事実上の自給率はもっと低い）という惨状だ。第1章で紹介したように、2035年には米を除き、軒並み国産率が激減するという自立した国とは思えない事態が待ち構えている。

それを回避するには、「野田モデル」の全国展開しかない。私はこう確信するに至ったのだが、喜ばしいことに、和歌山を中心とした現在のエリアのほかでも展開が始

まろうとしている。

２０２１年11月、「よってって」を運営する「(株)プラス」は、産業ガス大手のエア・ウォーターと提携することを決めた。同社は農業・食品事業にも力を入れており、加工品や飲料事業などを手がけている。

両社の狙いは、「野田モデル」による直売所の展開エリアを増やすことだ。「よってって」は和歌山を基盤に独自の転送システムを武器に事業を広げてきたが、ひとかたまりのエリア展開ではそろそろ限界が近づいている。エリアが大きくなりすぎると転送の効率が悪くなるからだ。「地産地消」や地域農業の活性化に寄与するという直売所の良さも薄れてしまう。

では独力で、すぐにほかの地域で展開できるかというと、地域密着型で経営してきた「プラス」単独では現実的に難しい。

投資余力はともかくとして、進出する地域で一から人材を確保するのにはやはり時間がかかる。

そこで、プラスでは北海道や九州など日本各地で農業・食品事業に乗り出しているエア・ウォーターと連携することに決めた。

これまでエア・ウォーターは各地でM&A（合併・買収）を通じてさまざまな関連事業に乗り出しているが、直売所の展開についてはこれからだ。

新たに進出する場所について、すでに具体的な検討が始まっている。関東や九州だ。1号店は単独で出店する形とテナントに入る形の両方を視野に入れ、準備に入っているという。

当然のことながら、物件選定と並行して、地元の生産者との交渉も必要になる。だが、幸いなことに、ゼロから始めた和歌山とは違い、すでに成功事例もある。

生産者はもちろん関連する業者も、和歌山で作り上げたモデルを参考にビジネスをイメージできる。地域の農業を強くしたいとの考えに共感する自治体や農家は少なくないだろう。

「野田モデル」をつくりあげた「プラス」の野田忠名誉会長も出店候補地に足を運び、具体的な選定に入っている。

関東や九州などで収穫される新鮮で旬の地元の農産物を消費者が手軽に買えるよう

になる日はそう遠くないだろう。

将来はさらにエリアを広げる考えだ。

野田氏によると北海道も有望だという。そもそも日本最大の農業地域であり、多くの生産者がいる。雪に覆われ、農業の収穫がなくなる冬場の品揃えは大きな課題だが、エア・ウォーターが持つ物流ネットワークや食品調達力などを借りれば品揃えの補完は可能だとみている。

農業生産者の育成支援もセットで展開

「野田モデル」の創始者である野田氏を語るうえで忘れてはならないことがもうひとつある。

農業の担い手を育てる生産者支援だ。

日本の農業従事者の平均年齢は年々上昇し、令和4年には68・4歳に達した。いまはなんとか元気で生産していても、年齢的に実際の生産をやめる農家はこれから大量に発生する。

いくら「野田モデル」を広げたところで、新たな就農者を増やさなければ、「よってって」の店頭に商品を並べてくれる人がいなくなることは間違いない。

日本全体でみれば落ち込んだ食料自給率を反転させることもできなくなり、それを放置していては食の安全保障はいよいよ危険水域から抜け出せなくなる。

そこで野田氏は、「よってって」による直売所事業が軌道に乗ると、2017年に公益財団法人「プラス農業育成財団」を設立した。

「よってって」1号店オープンが2002年だから、15年目のことである。野田氏は81歳になっていた。「1号店オープンからあっという間にこの年になっちゃって。そして『よってって』のシステムはうまく行っているが、生産者が続くか、心配になって。少しずつ貯まったお金で農業生産者を支援することにしたのです」

その目的は「和歌山県内における農業の振興を図るため、青年農業者等の育成・確保を推進し、農業者の経済的及び社会的地位の向上と農業の持続的な発展に寄与すること」だ。

新規就農者・優秀農業者（H29年～R4通期）（集計）

新規就農助成金受給者　内訳

年度	H29年度	H30年度	R1年度	R2年度	R3年度	R4年度（新規）	R4年度（2回目）	合計
紀の川市	5	4	6	4	3	2	1	25
岩出市		1	1			2		4
橋本市	2	3	5		1			11
伊都郡		1	1			2	1	5
海草郡			1				1	2
和歌山市	2	2	2	1	8	3	1	19
海南市		1		1		1		3
有田郡		3		1		1		5
有田市	2	1				2		5
日高郡	1	1	1			1		4
田辺市	6	5	1	3	1			16
西牟婁郡	2	2	1				1	6
東牟婁郡	1	1	2	3		2		9
合計	21	25	21	13	13	16	5	114

優秀農業者表彰　内訳

年度	H29年度	H30年度	R1年度	R2年度	R3年度	R4年度	合計
紀の川市		1	1	1			3
岩出市	2						2
橋本市			1				1
伊都郡					2	1	3
海草郡							0
和歌山市		1					1
海南市				1		1	2
有田郡					1		1
有田市							0
日高郡	1			1			2
田辺市					1		1
西牟婁郡							0
東牟婁郡							0
合計	3	2	2	3	4	2	16

新規就農者へ助成金を給付して後継者の指導・育成を図るほか、品質の高い農産物を生産するなど優秀な農業者を表彰する。

「プラス農業育成財団」の活動は、具体的には、選考基準を満たした和歌山県内の新規就農者に、60万円（初回のみ）を支給する、親の跡継ぎとして就農した者には30万円を支給する。

財団を設立してから6年目となる令和4年度までに新規就農者への助成は114件、優秀農業者を対象にした表彰は16件を数えている（前ページの表）。

さらに地元自治体との連携も強めている。

「よってって」を運営するプラスが本社を置く田辺市に対し野田氏の私財から多額の寄付を行い、市の基金とあわせて、「田辺市農業みらい基金」を創設した。

この基金を原資に、令和5年度から各種の農家支援や、小中学校を対象にした農業体験や食育を実施している。

「田辺市農業みらい基金」の活動は、具体的には、市内で野菜栽培に取り組む農業者に対し、一定の条件を満たせば、15万～25万円を上限とする補助を出すほか、遊休農

田辺市農業みらい基金の取り組み（令和５年度～）

【農業振興課】

持続可能な農業の振興

【事業内容】

農業を取り巻く諸課題の解決や農業の発展に向けた取組を支援し、持続可能な力強い農業と農村の更なる活性化を図る

■農業複合経営等支援事業

補助対象者：田辺市民で、複合経営を行う野菜栽培に取り組む農業者

補助条件：露地栽培は 10a 以上、施設栽培は 3a 以上、野菜を作付けすること

対象経費：複合経営に取り組む野菜の種苗費、資材、機械購入費、その他生産に係る経費

補助率等：既存農業者 1／3（補助上限 150 千円）

新規就農者 1／2（補助上限 250 千円）

■遊休農地解消支援事業

補助対象者：田辺市民で、遊休農地を賃貸借（または購入）し耕作する農業者

補助条件：5 年以上の農地の貸し借りを行うこと

対象経費：草刈り、除礫、伐採及び抜根、客土、整地、その他経費

補助率等：畑地（水田）1／2

（補助上限額 50,000 円／ 10a）

樹園地 1／2

（補助上限額 100,000 円／ 10a）

※荒廃農地は補助上限の拡充あり

【学校教育課】

農業教育の推進

【事業内容】

農業体験学習や食育を実施し、SDGs との関連及び地域連携を含め、地産地消や国消国産の大切さを学ぶ。子供たちの発見や気づきを大切にしながら農業に対する学習を深める。

■学校教育における農業教育

市内の全小中学校において、総合的な学習の時間等で農業についての学習や農業体験、食育を実施する。

実施対象：小学校 25 校　中学校 14 校

実施内容：自校の学習園や地域の農地を借りて、農作物を栽培し、農業の楽しさや大切さを味わうことができる農業体験を実施する。

また、食の大切さや食に感謝する気持ちを養う食育の学習を実施する。農業に係わる関係機関、関係団体の方々にも協力を頂き、学習をより一層充実させたものにする。

R4 は、小学校 6 校、中学校 5 校をモデル校として先行実施し、他の小中学校の参考となるよう紹介をする。

対象経費：クワなどの農機具、コンテナ、マルチ、苗や種、肥料、野菜用土、移動のバス代、講師謝礼など

地を借りたり購入したりする農業者に10アール（1000平方メートル）あたり5万〜10万円を補助する。

同時に市内の小学校25校、中学校14校を対象に農業教育の支援にも使われる。苗や種、肥料や土、鍬などの農作業に使う器具の購入などが用途となる。令和4年度には先行して小学校6校、中学校5校をモデル校にして実施したという。

この基金によって、生産者を支援するとともに耕作放棄地の増加に歯止めがかかる。結果として、農村部が荒廃し景観が悪化するのを防ぐことにもつながるほか、将来の農業の担い手育成にも大きな効果が期待できる。

一方、野田氏は和歌山県にも多額の寄付を行い、次世代の農業リーダーをサポートしている。令和4年度に事業が始まり、これまでに農林大学校や就農支援センターの設備や研究施設の購入や新たな取り組みに乗り出す地元の青年農業者の支援に予算が使われている。

こうした農業支援を核とした野田氏の活動がより広く日本社会に根付いていくことを私は切に願っている。そのためには、富裕層、あるいは組織が新規就農支援に積極的に動けるようになる寄付制度の見直しが急務であることは間違いない。

プロゴルファー志望から転向し、農業で売り上げを伸ばす

「よってって」の地元、田辺市で新規就農した山本農園の山本宗平代表も、プラス農業育成財団の助成金を得て生産を伸ばしている一人だ。

田辺市で生まれた山本さんは、高校卒業後、プロゴルファーを目指して静岡県御殿場市のゴルフ場で働きながらプロテストの合格を目指してきた。

残念ながらプロの壁は厚く、プロテストには合格できず、22歳で故郷である田辺市に戻ることにした。

しばらくは会社員として働く日々が続いたが、営業で外回りをする中で気になることが出てきたという。

それは各所にある耕作放棄地だ。

当時から家庭菜園で野菜を育てるなど、農業には多少関心を持ってきた山本さんは、

荒れて誰にも顧みられない畑を見ているうちに、「自分でやったらどうか」と思いはじめた。

自治体などが主催する就農フェアにも参加し、実際に農家に話を聞きに行くなどしているうちに、農業で生きていこうと決断する。28歳のときのことだった。

今年で農業を始めて8年目。国の就農支援とプラスの財団からの支援を受け、試行錯誤を続けてきた結果、先が見えはじめた。

現在、3・5ヘクタールの農地のおよそ半分で地元特産の梅、ミカンの生産を行っている。残りの農地で露地野菜や果物を生産している。栽培している作物は、イチゴやカボチャ、オクラ、キュウリ、キャベツなどだ。

これまで35品目、58品種の作物を作ってきたという。そのうち、「よってって」では19品目を販売している。

山本さんがたくさんの種類の作物を手がけてきた理由は2つある。

ひとつは、農業に「土地勘」がないので、実際に育ててみて、どれが「ビジネス」として可能性があるか確かめるためだ。

もうひとつは、3・5ヘクタールの農地を13戸の農家から借り受けているため、まとまった場所で生産しているわけではないことだ。つまり、細切れの土地での栽培なので、場所によって適する作物が異なるという事情がある。

それでも年間の売り上げは1000万円近くまで伸びてきた。

山本さんが将来に向けて手応えを感じはじめている背景にも「野田モデル」の強みがある。

就農支援は全国各地でなされているが、直売所を多店舗展開する「野田モデル」の場合、作った農産物を販売する「出口」が用意されている。

山本さんも、農業を始めた年から「よってって」で作物を販売してきた。

現在の販売は、「よってって」経由とJA経由が全体の約4割ずつ、ほかは卸売市場経由と一部の直売所だという。

自分の名前で売れる「野田モデル」

また、生産者の立場で考えると、「野田モデル」の魅力は、もうひとつある。

山本さんが農業を始めるにあたって考えていたのは、いずれ「自分の名前もしっかり売っていきたい」ということだった。「生産者の顔」が見える直売所ではそれが可能だが、先に述べたように従来は多店舗展開する直売所がほとんどなく、小遣い稼ぎにしかならなかったのが直売所の弱点だった。

それが、「よってって」という「出口」がある「野田モデル」では、就農して早い段階から「山本宗平」あるいは「山本農園」という名前で作ったものを売ることが可能だった。しかも値段も自分でコントロールでき、消費者がどう評価してくれるか直《じか》にわかる。

山本さんの場合、直売所で売るときは、ＪＡや市場経由で卸すときの約１・５倍という値段設定を意識しているそうだ。その時々の市況を見ながら調整するものの、こうすることで利幅を稼ぎつつ、消費者が何を求めているのかヒントも得られるという。

もちろん、まだ農業をスタートさせて8年目。

「自分の名前で売る」という域に達したとは思っていないが、始めたときのイメージに近いところまできたと感じている。

新規就農支援は全国各地で実施されているが、農水省や自治体、JAグループなどが中心だ。母体が民間企業の団体が支援するケースは、それほど多いとはいえない。

プラス農業育成財団の設立から6年、これまで支援してきた新規就農の生産者は114人を数える。山本さんの例を見ると、新規の生産者にとっては補助金はもちろんだが、販路が計算できる「野田モデル」こそが強力な支援材料になるのだろう。

日本農業の負のサイクルを断ち切る

「野田モデル」は、日本の原風景を維持する営みにもつながる。

山本さんが農地を使わせてもらっている13戸の農家のうち、賃借料が発生しているのは2件のみ。ほかは実質、無料で使わせてもらっているという。

「耕作放棄地として荒れ放題になるくらいなら、新たに生産してくれる就農者に使ってもらったほうがいい」

そう考える農家がそれだけいるということなのだ。

「野田モデル」がなければ、そのまま誰にも使われずに終わってしまう農地が、農業再生の意欲に燃える人々の手によって有効活用されているともいえるのだ。

直売所を多店舗展開するという「野田モデル」によって、年間販売が1億円を超える農家が現れ、1000万円を超える人が何百人も出てきている。

さらに、将来の農業の担い手を育てる仕組みも取り入れ、負のサイクルが続いてきた日本の農業をプラスの好循環に逆回転させている。こうして、日本の農業を復活させ、食に対する国民の安心感を取り戻す。それが「野田モデル」の神髄だ。

野田氏自身が考えているように、もしこのモデルが幅広く全国展開されるようになれば、日本の農業の未来も変わってくるはずなのである。

第5章

野田忠はなぜ革命を起こせたのか

苦境に立たされる日本の農業の「希望の光」

日本の農業を救い、日本にひたひたと迫っている飢餓の危機から救い出してくれる「野田モデル」。

農産物流通の新たなシステムをわれわれはいまこそ広めていく必要がある。それが消滅の瀬戸際に立つ国内農業を守ることに繋がるからだ。

私が「野田モデル」に出合ったのは2022年のことであった。同年3月に私が理事長を務める一般財団法人「食料安全保障推進財団」が設立された。財団設立の目的は、食料危機から国民を守れるよう、国内生産と消費をつなぐ強力な架け橋となることだった。

この話を聞きつけた「(株)プラス」の野田忠名誉会長は私に丁寧な手紙を送ってくださった。

同社が展開する「よってって」の企業理念に大きな関心を抱いた私は、すぐに和歌山に足を運ぶつもりだったが、和歌山県庁の東京の出先機関で働く職員たちが私の意向を知り、研究室を訪ねて説明してくれた。野田氏はこれまで、農業支援のため和歌山県にも多額の寄付をしてこられるなど県の農業振興に尽力してこられた。それゆえに県庁とも太いパイプを持っていたのである。

東京事務所長をはじめ県の担当者らは、丁寧に「よってって」のビジネスを説明してくれた。その時点において、彼らは数多くの大きな問題を抱える日本の農業にとって、野田氏が取り組む直売所の多店舗展開には注目してくれてはいたものの、その詳細を知って、私は興奮の念を抑え切れなかった。

「これは日本の農業にとって希望の光になるのではないのか」

こう直感した私は、日を置かず和歌山に飛んだ。

そして、「野田モデル」の〝創始者〟である野田氏に会って話を聞き、この直感が確信へと変わったのである。

「産直市場よってって」を運営する「(株)プラス」の知名度はあまり高くない。店舗がある和歌山、奈良、大阪の一部以外では知られていない。しかし、この仕組みを作り上げた野田氏の人生は、日本の食品流通の変化とともに歩んできた。その進化と限界を目の当たりにしながら併走してきたように感じる。

彼の作り上げたビジネスモデルは、いま大きな壁を前にして、いかにそれを乗り越えるかの答を見出せないでいる日本の農業と食品流通に風穴を開けていると思う。

この章では、いわば農業と生き残り、革命的な流通システムの可能性に賭けた彼の人生が、どのようにして直売所の多店舗展開へと進んでいったのか、その足跡を追ってみたい。

10代で初めて直面した資金繰りの苦労

「(株)プラス」を基盤として「野田モデル」を確立した野田氏は、農家の三男として1936(昭和11)年1月に生まれた。卒寿も間近だが、まったくもって意気軒昂である。

地元の県立田辺高等学校を卒業してまず働いたのは、叔父が経営する野田屋という卸会社であった。子供がいなかった叔父の家に養子として入り、そのまま就職したのである。

扱っているのは長靴のようなゴム製の履き物、合羽、軍手などが中心だった。従業員は4～5人程度で、しばらくの間、野田氏は倉庫での荷受けや整理整頓、小売店への出荷などを担当した。その後、営業として外回りをすることになる。

メーカーからもらった商品サンプルを持って、田辺市内の小売店を回るほか、和歌山県内の山間部や、三重などの隣県にも足を延ばした。すべてにおいて前向きであった野田氏は、これまでの営業スタイルの踏襲だけでは飽き足らず、従来の得意先のほかに、飛び込みでの新規開拓も積極的に行った。

「いまでは考えられないことですが、熊野古道を自転車で回りましたよ」

遠方にはトラックで自転車を送る。自分は商品を抱えてバスに乗り、目的地で自転車を受け取り、回る。

しかし、成果を得るのは簡単ではなかった。

商品回転率が悪いうえに、いわゆる「掛け売り」での取引先が多く、商いを増やしても増えるのは売掛金ばかりだったという。

肝心の売掛け金の回収は、現在の常識では考えられないほど悲惨な状況だったのだ。

「仮に10万円売掛金がある取引先に行って払ってくれるようにお願いしても、もらえるのは売掛け金の額とはほど遠い５０００円とか1万円だけ。あとは盆と正月前にまとめてもらうようなこともザラでした」

野田氏はそう振り返る。

一方で、会社がメーカーから仕入れた商品の代金として振り出した手形の決済は90日後にはやって来る。

「今月末にこのぐらい集金してこないと手形が落ちない（不渡りになる）」

社長である叔父にそう言い渡される日々の連続だった。

とはいえ、そんな事情を取引先に説明したところで、簡単に売掛金を回収できるわけではない。

10代からこうした苦労を味わったことで、野田氏はいつしか資金繰りの苦労が少ないビジネスへの関心が高まっていったのである。

スーパーマーケットに出合い、「流通革命」に飛び込む

「これは大変な商売だ」

そうした思いが日々深まり、新たなビジネスを模索しはじめていた頃、野田氏は人生の転機となるような新聞記事を見つける。

当時、社長である叔父の妻の実家は新聞販売店を営んでいた。そこで野田氏は空いている時間に朝日新聞や日本経済新聞を毎日読んでいた。日経新聞で紹介されていたのが、東京・青山にできたスーパーマーケットの紀ノ国屋だった。

いまでこそ当たり前だが、客が商品を手に取ってかごに入れ、レジで精算するというアメリカ流のスーパーマーケットが繁盛しているという記事だった。日々の売掛金回収に大きなエネルギーを費やしていた野田氏は、現金商売で毎日何十万円と売るビジネスに驚いた。

「野田屋は店もやっていたので、お客さんが靴などを買いに来る。サイズがなければ

倉庫に行く。売れても合わないと取り替えてくれ、と来る。一足売るのも大変なんです。それがセルフサービスでその場で支払ってくれるのがスーパーでしょう。何というありがたいお客さまだと思いました」

同時に、「自分もやろう」と腹を決めたのである。

それまでは無縁ともいってよかった流通業界の専門雑誌などにも、熱心に目を通すようになり、自分なりに流通の新しいビジネスモデルの研究に励んだ。

そしてついに社長に提案する。

「スーパーマーケットをやりたいと考えている」

社長の判断は速かった。

「それなら一度見てこい」

野田氏は、当時、繁盛店として話題になっていた「主婦の店松山店」の住所を調べ、松山を訪れた。宇高連絡船を使った旅である。

店舗をつぶさに見学し「これはいける」と地元での展開を決断する。勢力を伸ばしていた「主帰の店」チェーンに加盟し、指導を受けて新規出店を目指すことにした。

こうして、叔父の会社である野田屋を母体に、1959（昭和34）年に田辺市にスーパーマーケット「主婦の店」をオープンした。

流通業界の革命児としてかつて一世を風靡したあのダイエーが大阪に1号店を開いたのが1957（昭和32）年9月のこと。

昭和30年代はスーパーマーケットが「流通革命」の担い手として注目されるようになった時代である。いわゆる街の「パパ・ママストア」からスーパーマーケットに小売りの主役が入れ替わりはじめた時期である。

若き野田氏は、地元・和歌山に舞台を構え、その波に乗りはじめたのであった。

苛烈を極めた価格競争

ただし、スーパーマーケットという新たな業態に乗り出すライバルは多数いた。

全国レベルではダイエーやジャスコ（現イオン）、イトーヨーカ堂といった、後の巨大流通資本に成長する企業ばかりか、各地で大小さまざまの会社がスーパーマーケット経営に乗り出してきたのである。

こうした流れの中で起きたのは激烈な価格競争だった。１９５９（昭和34）年の「主婦の店」1号店オープンから１９６６（昭和41）年頃までは、野田氏はさまざまな苦労に連続して直面する。直接の事業面においては、苛烈ともいえる値下げ競争。それによって赤字が蓄積した。社内人事面では労働組合とのあつれきを抱えていた。

それでも「主婦の店」は、なんとか危機を乗り切ったが、激しい競争の末に同業の倒産は相次いだ。同社はそうした会社のスポンサーとして事業再生を引き受けることもあった。

日本の高度経済成長が加速した昭和40年代に入って店舗経営が安定すると、野田氏は再び業容の拡大を目指し、衣料品も取り扱う総合スーパーも展開しはじめる。

１９７３（昭和47）年にはダイエーとのフランチャイズ（ＦＣ）契約を結び、商品供給を受けながら売り上げを伸ばしていった。

スーパー事業への進出にあたっては、アメリカ流のチェーンストア理論に基づいた経営システムを日本に紹介し、指導したペガサスクラブにも参加した。

ペガサスクラブとは当時、大手流通チェーンの経営者では「知らぬ者はモグリ」とされるほど注目されたチェーンストア研究の団体である。

主宰者である渥美俊一氏は、流通革命・流通近代化の理論的指導者として知られ、いまも展開を続ける大手流通チェーンの創業者がこぞってペガサスクラブの門を叩いた。ここで学んだノウハウを自らのチェーンで実践し、日本の小売業に革命を起こす母体となった。

メンバーには綺羅星のごとく著名な経営者が名を連ねている。

ダイエー（現イオン）の中内㓛氏、イトーヨーカ堂の伊藤雅俊氏、ジャスコ（現イオン）の岡田卓也氏、マイカル（現イオン）の西端行雄・岡本常男の両氏などもメンバーだった。こうした面々が呉越同舟でアメリカの小売店を視察に行ったことはいまも語り草になっている。

そうそうたるメンバーに比べ、ひと回りほど年齢が下の野田氏もスーパー事業への参入に合わせペガサスクラブに参加し、一緒に海外の視察旅行にも行った。

「ダイエーの中内さん、イトーヨーカ堂の伊藤さん、ジャスコの岡田卓也さんもいた。

（後にセブンイレブンを立ち上げた）鈴木敏文さんは、伊藤さんのかばん持ちで来ていた」

野田氏はそう述懐する。

ハワイのホノルルにある大型ショッピングセンターのアラモアナセンターに視察に行ったときのこと。野田氏は、その巨大さに腰を抜かした。たくさんのマイカーが巨大な店舗の広大な駐車スペースに乗り付ける。当時、日本では見たこともない光景だった。

「日本では自動車ですら珍しかった時代ですからね。でも、いずれ日本もこうなると思いました。駐車場が必要になる」

それは見事に的中をした。

急成長を遂げたスーパーの限界に直面

こうした戦後の流通革命を担った世代は、高度成長の波に乗り、展開を加速していったが、課題も生まれた。危機感を覚えた地方の商店街などの出店反対運動もあり、昭和48年には大規模小売店舗法（大店法）が成立する（２０００年に廃止）。

これによって大型店の出店に一定の規制がかかった。しかし、小規模小売りの衰退には歯止めがかからず、全国チェーンのスーパーマーケットをはじめとする巨大流通資本が日本の食品流通の主流を占めるようになる。

「よってって」売り場を視察する野田忠氏

だが、そんな栄華も長くは続かなかった。１９６２（昭和37）年に百貨店の三越（当時）を抜いて小売業の売上高日本一になったダイエーも、その後はたびたび経営危機に陥り、現在は同業であるイオンの傘下に入っている。

和歌山という地方でスーパーマーケットを展開していた野田氏も、一世を風靡したスーパーという業態の限界をひしひしと感じはじめるようになった。

なぜなら各地で全国チェーンや地場資本のスーパーが林立するようになったが、業界の急成長は頭打ちになったからだ。特売合戦によって利幅はどんどんと薄くなる。業界全体が伸びているならまだしも、そうではない。売り上げが少し落ちれば、すぐに厳しい業績を突きつけられる環境となってしまった。

そうした動向に危機感を覚えた野田氏は会社の将来を考え、スーパー一本ではなく、不動産の賃貸や管理、スポーツクラブの経営など多角化を進めた。世間ではダイエーなどの苦境が伝えられる中、自社の経営は比較的堅調だったのだ。しかし、多角化事業のひとつだったエコ事業がうまくいかず、閉鎖することにした。

幸い、会社が傾くような規模ではなかったが、そこで働いていた社員をどう処遇するかという問題に直面した。そこで野田氏は温めていた新規事業を思い立つ。

これこそが収穫したばかりの新鮮な作物を農家に並べてもらう直売所を多店舗展開する新ビジネスだったのである。

最も重要なキーワードは「地産地消」

21世紀を迎えた頃、日本各地では道端の直売所や道の駅での直売が少しずつ広まっていた。こうした動きに同調するように「地産地消」という言葉が生まれる。野田氏はこの「地産地消」に新しいビジネスのヒントを得る。

ところが、である。野田氏が提案した直売所の展開に対して社内での理解はどちらかといえば限定的だった。ほとんどの人間が「?」という反応だった。いまから直売所などを始めることに、正直なところ戸惑いの念を抱く社員がほとんどだった。

それでも野田氏は事業化を決断した。野田氏が直売所にこだわったのは、チェーンストア理論に基づくスーパーマーケットの経営者としての経験から、次の食品流通のあるべき姿が鮮明に見えていたからだ。

前述したように、昭和30年代、野田氏は東京・青山にできた近代的なスーパーマーケット、紀ノ国屋の新聞記事をきっかけにスーパー事業に乗り出した。だが、創業期は苦労の連続だった。

苦労の元となったひとつが仕入れの問題だった。

スーパーを開く以上、生鮮食品の調達は事業の生命線だが、そこにはスーパーや日本の農業が抱える大きな本質的課題があった。

直売所を開いた動機① スーパーで既存の農業流通とぶつかった

農協や卸売市場、パパ・ママストアの青果店といった流通機構が当たり前だった時代、地場資本とはいえスーパーマーケットの進出は猛烈な反発を招いた。その結果、既存流通から排除され、思ったような仕入れができなかったのである。

野田氏は社史を開いて見せてくれた。1号店がオープンした1959（昭和34）年から1961年（昭和36）ぐらいまで、野菜や果物から、鮮魚、雑貨類に至るまで仕入れには非常に苦労したとある。苦肉の策として、腐らない雑貨などを求めて大阪や名古屋の業者に足を運び、商品供給を依頼した。

ただし、生鮮食品はそういうわけにはいかない。開業当時からしばらくは卸業者の理解が得られず、円満な取引関係を結ぶまでにかなり時間を要したという。

同社の社史にはこうある。

「田辺青果市場（田辺市会津町）に加入を希望したが、仲買人の強い拒絶反応で認められなかった。理由は『スーパーは安売りするから、八百屋がこぞって反対している』というのである。

これでは商売ができないので、交渉を繰り返した結果、ようやく田辺の青果市場の中では一番規模の小さい『丸協青果』に加入を認められた。それも『なるべく多く買う、なるべく高く買う』という条件で、ようやく認めてもらった。

この丸協青果は、（中略）規模が小さいので、入荷の量が少なく、商品も上質ぞろいとはいえなかった。また、当社が仕入れに行くと、他の仲買人が故意に値をつり上げて妨害した」

そのとき、救いの手を差し伸べてくれた人たちがいた。地元の農家だった。

「農家に行って直接売ってもらえ」

思ったように生鮮食品を店に並べられず、頭を抱える野田氏に、こうアドバイスしたのが農家でもある父だった。その助言にしたがい、地元である田辺を中心に一軒ずつ農家を訪問し頭を下げると、直接売ってくれるところが出てきた。

だが、それだけでは足りない。

苦肉の策として、一部市場から仕入れることができたものは、売れ残っても廃棄せずに、漬物に加工するといった工夫で商品不足を乗り切ったのである。

こうしたエピソードを聞くとよくわかるが、野田氏にとって、生産者である農家は、若い頃の自分を助けてくれた恩人なのである。同時に、鮮度・品質を考えると、農家から中間流通を介さず直接仕入れるのが一番だということも、ここではっきり、認識したのである。

自分のスーパーマーケット創業の際、大きな力となってくれた農家。それだけに野田氏はその農家が直面する問題について心を痛めていた。

解決策を見出そうとした。大手流通チェーンが成長を続けるのと反比例するかのように農家の苦悩が深刻化していく。

直売所を開いた動機② 農家が儲かっていない

自身も農家の生まれで両親の苦労を見て育った。そのうえ、農家の力を借りてスーパー事業を成功させた野田氏だけに、その関係性、問題点を熟知している。

「このままでは日本の農業はダメになる」と必死で考えた。

その大きな原因は、農家が価格決定権を持てず、大手の言いなりにならざるを得ないことにある。

たしかに全国資本の大手流通は、農作物を大量に仕入れてくれる重要な販路であることは事実だ。一方で、それゆえに大手流通は価格決定で大きな力を持つ。中間流通も大手流通での販売価格を意識して農家からの買い取り価格を決定することになる。

その販売価格は小売りの競争激化もあって、なかなか上がらない。流通各社はギリギリまで経費を切り詰め、猛烈なコストダウンに励むが、それだけでは競争に勝てない。そのしわよせはダイレクトに生産者を直撃する。

「特売チラシを入れて商品は売れても、100円で売れたもののうち、農家さんの手取りを見たら3割くらいにしかならない」

そんな状況が当たり前になった。

農業をはじめとする第一次産業の振興策は、国や自治体、農協あるいは漁協なども積極的にやっている。農業に限っていえば、農協も、営農指導などによって農家の経営力強化に力を入れている。だが、野田氏の目から見ると、それで農家の抱える問題が解決するとは到底思えなかった。

「日本の営農指導は素晴らしいけれど、売り方が変わらなければ、いつまでたっても農家の収入は増えない。えらいご苦労をされてつくるばっかりで終わる。そこを誰かが打ち破らないといけないと思いました」

野田氏の頭の中にあったのは「SPA（Speciality store retailer of Private label Apparel）」という言葉だった。「製造小売業」と訳され、アパレル産業を語る際などに使われる。

具体的には、ファーストリテイリングが展開するユニクロである。原材料の仕入れから製造、小売りまで一貫して担当し、中間流通を排して安価で素早く商品を消費者に供給するシステムだ。

もっとも、農家がSPAを実践しようとしても、そんなことは不可能だ。

生産者が各地に店舗を持って直売所を展開するのは現実的ではない。

そこで野田氏は、農家が製造から販売まで自分で責任を持てるプラットフォームを用意しようと考えた。これこそが、前述した「よってって」という直売所の多店舗展開で、私が「野田モデル」と名付けたものである。

「野田モデル」の基本的コンセプトは、農家が自ら値決めをできる直売所の良さと、多店舗展開で量を稼ぐという小売りチェーンの良さを組み合わせることによって、価格支配権を農家が取り戻すことにある。

同時に、消費者にとっては、農家の顔が見える商品を提供することで、農家の努力が収入に直結する仕組みをつくろうとしたのだ。

「農家の所得を増やすのは、誰がどう言おうがこれしかない。物流費をなんとか捻出して、多くの店で売れるようにすれば、かけ算で農家さんの売り上げが増える。そう考えるようになったのは、若いときからスーパーマーケットの多店舗展開をやった経験が大きいですね」

ダイエー、イトーヨーカ堂、ジャスコといった大手流通の草創期からチェーンストア理論を学び、自らも実践してきた経験から、「野田モデル」は誕生したのだが、「誰がどう言おうとこれしかない」と言い切るところに野田氏の自信と凄みがある。

直売所を開いた動機③ 大量販売、大量廃棄への大いなる疑問

日本の高度成長と歩調を合わせるように急拡大した大手スーパーだったが、時代を経るにしたがって成長は鈍化した。理由はいくつかある。もう一度、整理してみよう。

まず、競争の激化だ。各チェーンが猛烈な勢いで各地に出店した結果、際限ない価格競争に突入した。全国チェーン、地場チェーンが入り乱れ、他店より1円でも安く売ろうとした。

これが生産者に対する買い叩きにつながったが、次第に流通サイド自身も疲弊してくる。規模の拡大とともに本社機能も肥大化し、高コストに悩むところも出てきた。流通の構造も変わってきた。

1974年(昭和49)のセブンイレブン1号店オープンに始まるコンビニエンスストアの隆盛や、家電量販店など専門店の拡大、ドラッグストアの伸張など、流通チャネルの多様化。これらもスーパーの経営に影響を及ぼしてきた。

さらに人口動態の変化も大きかった。消費の中核である生産年齢人口は1995年をピークに、総人口は2008年をピークに減少に転じた。

大手流通の強みも課題も知り尽くしている野田氏は、食品において次の流通モデルが必要だと考えるようになった。

大量販売、大量廃棄に世間の厳しい目が注がれるようにもなった。

かつての八百屋のように売れ残ったら自宅や親戚、近所で食べればいい、というわけにはいかない。コンビニチェーンが売れ残り弁当をアルバイトなどの店員に分けることを許さないように、衛生面での配慮もあって、すべて廃棄処分するというのが大手企業のルールだ。

売れ残りを避けようとすると値段を下げることになる。それでも売れ残ったら廃棄処分する。そのコストがかかる。こうしたコストを全部含めてなお利益を上げなければならないのが既存小売りの宿命だ。

しかも上場企業であれば、毎年、いや3カ月ごとの四半期決算で結果を出さねばならないので、株価上昇や配当増に期待する株主の要望を常に意識しなければならない。「売れ残りが多く、利益が減りました」などというと経営者は株主から「無能」の烙印を押される。確実に利益が出せるような仕入れ価格になるよう買い叩くという行動原理が構造的に組み込まれているのだ。

一方、直売所を多店舗展開する「野田モデル」では、こうはならない。

何度も述べるが、値段は直売所で商品を委託販売する生産者がつける。「よってって」は売上高のうち、一定の手数料と、他店に転送した場合の配送手数料を受け取るというシンプルなルールで運営している。店舗側が売れ残りや廃棄を意識して値段を高くつけようという動機が働かない。

なにより既存流通だと避けられない在庫リスクを負う必要がない。店舗を運営する側にとっても「こんなにありがたいことはない」（野田氏）のである。

大手チェーンのアンチテーゼとして全国展開へ

「野田モデル」は行き詰まりが明らかな既存の食品流通に風穴を開ける革命的なシステムなのだ。

- **売り切れを気にするな。機会損失があっても構わない**
- **少しくらい野菜が曲がっていても販売できる**
- **同じ作物でも生産者によって値段はバラバラ**
- **売り場に同じ作物が多数並んでいてもいい**

「よってって」の特徴を並べてみるとよくわかるが、やっていることは大手チェーンの基本的経営のアンチテーゼだ。

一方で野田氏は自らのスーパーの経験から生かせるところは徹底的に生かしている。たとえば立地の見極めは、スーパー経営者として自身の経験が大きく寄与している。新規の出展場所を決める際、野田氏は現地に足を運び、じつに細かくチェックする。商圏や周辺環境などは事前調査によってある程度わかるが、87歳のいまでも必ず現地に行くことにしている。行かなければわからないことがあるからだ。

道路から駐車場には入りやすいか、車を右折して入店しやすいか、どれくらい渋滞するのか……。野田氏がチェックするポイントは非常に多岐にわたる。

こうして完成した「野田モデル」は現在、新たな試みを始めている。それはビジネスパートナーとの共同経営だ。

これまでは、和歌山から奈良、大阪への展開は自社で進めてきたが、次は、関東や九州への進出を考えている。先述したように、農業ビジネスを強化している産業ガスのエア・ウォーターと提携し、両社が手を組んで店舗網を開拓しているが、立地に関しては野田氏が助言を続けている。

「よってって」の出店要請や持ち込まれる不動産物件はこれからも増えるだろう。ネット販売の広がりで陳腐化した旧来型小売店が閉店を余儀なくされ、店舗が売りに出たり、新たな借り手を募ったりするケースが多いからだ。そうした中から好立地の店舗を選んで出店していくことになる。

従来から連携して出店しているドラッグストアチェーンのコスモス薬局など異業種とのコラボレーションも進む見通しだ。

地方創生型のビジネスを先取りする「野田モデル」

高度成長がとうの昔に終わりを告げ、日本は人口減、高齢化の時代に入った。大手チェーンが郊外に建てる巨大なショッピングモールも人気があるが、日常の食料品を買うなら、ほどほどの店構えで、安心できる生産者の商品を買える店のほうが日本の人口動態に合っている。

いまや規模での地域一番店よりも、買い物の楽しさ、選ぶ楽しさを味わえる店が必要とされる時代になったというのが野田氏の考えだ。

「キッコーマンのしょうゆも日清食品のカップヌードルもネットで買えるようになった。『一番大きい店を建てたら勝ち』というのは、かつては正しかったが、いまはそうではありません」

生鮮食品はもちろん、加工食品もナショナルブランドではなく、地元の商品で構成するのが「よってって」の「野田モデル」だ。これは地方創生型のビジネスを先取りしているともいえる。

しかも、大量のチラシや広告で集客するのではなく、口コミを中心とする固定客相手の安定した商売だ。

日本には全国各地に農家があり、その土地ごとの産物がある。

生産者と密接な関係を築くことで安定的な事業を営んでいく。発祥の地、和歌山県の人口密度は47都道府県のうち30位くらい。ということは、このビジネスモデルは全国で通用する証しといってもいいだろう。地域農業の再生はもちろん、衰退が続く地方の活性化にも役立つはずだ。

直売所を核とした新業態を拡大

こうして飛躍を続ける「野田モデル」は、さらなる進化を目指している。これまでは食料品を扱う直売所を出店するには単独でやるか、ドラッグストアなどの他業態と共同出店するか大手小売りのテナントに入るかのいずれかであった。

いま野田氏が温めているのは、直売所を核にしたショッピングモールの計画だ。直売所が核になるのである。

場所は田辺市や白浜温泉のある白浜町に近い上富田町《かみとんだちょう》。具体的な設計などはこれからだが、ここに農水産物以外の商品を扱うショップ、レストランやカフェなども併設したモールを建てる準備を進めている。

さらに敷地内には自然を生かしたフルーツ公園や生産者が活用できる多目的ホールも設け、家族連れがゆっくりと買い物やレジャーを楽しめるような場にする構想だ。実現すれば、既存の流通機構の中では取るに足らない存在だった直売所が主役となる。

もちろんこれはすぐに各地に展開できるようなものではない。しかし、生産者との太いネットワークによる農業体験、旬の作物をふんだんに並べられるという強みを生かしたスイーツの提供など、単なる物販以外の機能を持ったスーパー直売所の構想には夢がある。

進化する「野田モデル」によって、苦境に立たされ、停迷を強いられている日本の農業が生き返り、その可能性が無限に広がっていくことを、私は強く期待している。

第6章

「野田モデル」で日本の農業はよみがえる

農業はやり方ひとつで高額収入も十分に可能だ

「産直市場よってって」で生産物を販売する農家は、年を追うごとに増加し続けている。年間売上高1000万円以上の生産者は前年比15％増の約250を数え、5000万円超という生産者も少なくない。「野田モデル」は間違いなく、瀕死の日本の農業を救う存在になってきた。

「生産者」「消費者」「地域」「従業員」の「四方良し」を目指す「野田モデル」が日本全国で展開されることになれば、消費者も安心・安全な農産物を安定的に購入することができる。農家は収入が増えることで継続して農業を続けられ、その結果、食料自給率は改善し、不測の事態に見舞われることがあっても日本人が飢えるリスクを引き下げることができるだろう。

ロシアによるウクライナ侵攻を契機に、グローバリズムが目指すボーダーレスな世界像は破綻したといってもいい。自由貿易体制によって、金さえ出せば国民の命と同義である食料が調達できるという保証はどこにもないことが明らかになったいま、われわれは日本の将来のために農家を守り、その処方箋である「野田モデル」を推進しなければならない。

本章では、日本の農業が持つポテンシャル（潜在能力）と、それを「野田モデル」によって引き出すためには何が必要かを論じていきたい。

実は世界で最もいい「土」がある日本

日本の農業が抱える問題点については、数限りなく議論されてきた。曰く「生産性が低い」、曰く「補助金漬けである」、曰く「生産者に改革意欲がない」……と、枚挙にいとまがない。

日本は島国であり、起伏の多い国土であるため、耕作可能地が限られる。広大な平原で大規模農業が展開できる国とは条件が異なる。

だが、そうしたハンディを負いながらも、実は日本の農業が誇れるものはいくらでもある。

たとえば、高品質で糖度の高い果物。日本を訪れた外国人の誰もが驚き、アジアなどの富裕層は日本からの輸入品にはお金に糸目をつけず買い占めるくらいだ。一部の国では、どこからか日本の苗を〝密輸〟し、勝手に現地で生産するという犯罪的行為が起きた。これは別の安全保障の問題だが、とにかく日本の農産物の品質が世界のトップクラスであることは間違いない。

もっとも、だからといって私は「輸出強化で農業を強くしよう」と主張するつもりはない。輸出品が売れることに越したことはないが、まずは国民の食を守ることが先決だからだ。

日本の農業クオリティの高さを語る場合、その理由として忘れられてならないのは、なんといっても「土」の良さである。

農業において良い土とは、土壌に多数の微生物が含まれていることであり、その微生物の働きによって微量栄養素が生成される。そこで栽培された作物は、それを摂取する人間にも良い影響を与える。世界で最も肥沃とされている土は、大穀倉地帯でありながら戦地になってしまったウクライナの「チェルノーゼム」である。

その次に良いのが「黒ボク土」と呼ばれる土で、その「黒ボク土」の農地に占める割合が、世界で最も高いのが日本なのである。

国立研究開発法人「農業・食品産業技術総合研究機構」（通称・農研機構）によると、黒ボク土とは次のようなものである。


〈主として母材が火山灰に由来し、リン酸吸収係数が高く、容積重が小さく、軽しょうな土壌である。有機物が集積して黒い色をしていることが多く、黒くてホクホクしていることから黒ボク土と呼ばれる。〉


特徴は世界一肥えた土壌であるチェルノーゼムに匹敵するほど品質の高い腐植物質を豊富に含んでいることだ。つまり、日本の農地は、もともと肥料を必要としないほど、農業にとっては恵まれた条件を備えているのだ。

もし、その強みを十分に生かした農業を展開すれば、生産性をもっと向上させることができるはずだ。

しかし、残念ながら、現状ではそのポテンシャルを発揮できていない。政府がもっと農業振興に力を入れ、生産力向上の研究予算を増やすなどのドラスティックな対応をしなければならない。そうすれば間違いなく国際的競争力は上がっていく。

特に今後世界的にも伸びていく有機農業の分野が重要だが、政府の対応は質においても量においても後手に回っている。少し前まで肥料・農薬の使い過ぎを指摘されていた中国ですら、国策として有機農業を大々的に推進しているくらいなのだ。

その中国は、EU向けの有機農産物の輸出量ですでに世界1位となった。有機農産物の生産量で世界3位というデータもある。

ご存じのとおり、有機農産物への関心は日本の消費者の間でも高まっている。それは日本の農業にとってもチャンスになり得る。

大規模農業主体のオーストラリアや米国、ニュージーランドと勝負しようとするのではなく、農地が小さくても付加価値の高い作物で、安心・安全な食べ物を選ぼうという国内消費者の評価を確立することが大事だ。

もちろんそのためには農家の努力と国や自治体によるサポートが欠かせないが、生産者の顔が見える「野田モデル」は、その販売チャネルとして有力であることは間違いない。

データが示す「日本の農業は閉鎖的」のウソ

日本では、自動車や電気製品のような工業生産物の輸出を増やすのと引き換えに、農業を犠牲にする政策が長年にわたって続いてきた。

それを正当化するために国民向けのプロパガンダもなされた。第1章で触れた「米を食うとバカになる」はその典型だが、それ以外にも手を替え品を替え、日本の農業を弱体化させる言説が流布されてきた。

それはいまも変わらない。

農業に関する報道や専門家と称する人物の発言には、まったく事実に基づかないものが少なくない。事実ではない言説によって、日本の農政はねじ曲げられ、生産者はさらに力を失ってきた。そのことによって、われわれの食料危機の深刻さは増すばかりだ。まったく馬鹿げているとしかいいようがない。

たとえば、「日本の農業は高い関税で保護されている」「多額の補助金が支出されている」といったものがその典型だろう。

私にいわせると、いずれの主張もまったく事実に反している。

むしろ、日本は低関税で農産物を輸入している自由貿易の優等生なのである。補助金に至っては、実は日本よりも米欧諸国のほうが手厚いのが実情だ。

ということは、日本の農業力は世間でいわれているほど、競争力において米欧諸国との差はないことになる。

国が生産者の努力に応じて報いられる仕組みを構築し、生産者のやる気を引き出し、政府の支援を手厚くすれば、生産量も増え、消費者も進んで購入するようになる。わざわざ輸入品などに依存せずにすむはずなのだ。

「野田モデル」で生産者のモチベーションアップ

そもそも国家が自国の農業を保護するのは当然だ。

食料安全保障や農業産業の健全な発展を図るための政策である。日本も他国同様に、農業の重要性を認識し、国内農業の振興策を強化すべきなのである。

こうした私の主張に対し、「日本の農業は高関税で守られている」「そのため私たちは輸入品よりも高いお金を食料品に払っている」という反論が必ず出てくる。これは実情を知らない人たちの妄言だ。

それはデータからも明らかだ。OECDによると日本の農産物関税率は11・7%である。これは農産物を輸出する主要国の関税率と比べ、2分の1から4分の1程度でしかない。つまり、日本の農産物関税率は主要国の中で低い水準にあるのだ。

たしかにこんにゃくのように高関税がかけられている作物も存在する。

こんにゃくの関税は1700%だ。しかし、このように高関税が適用される作物は

農産物関税率の比較

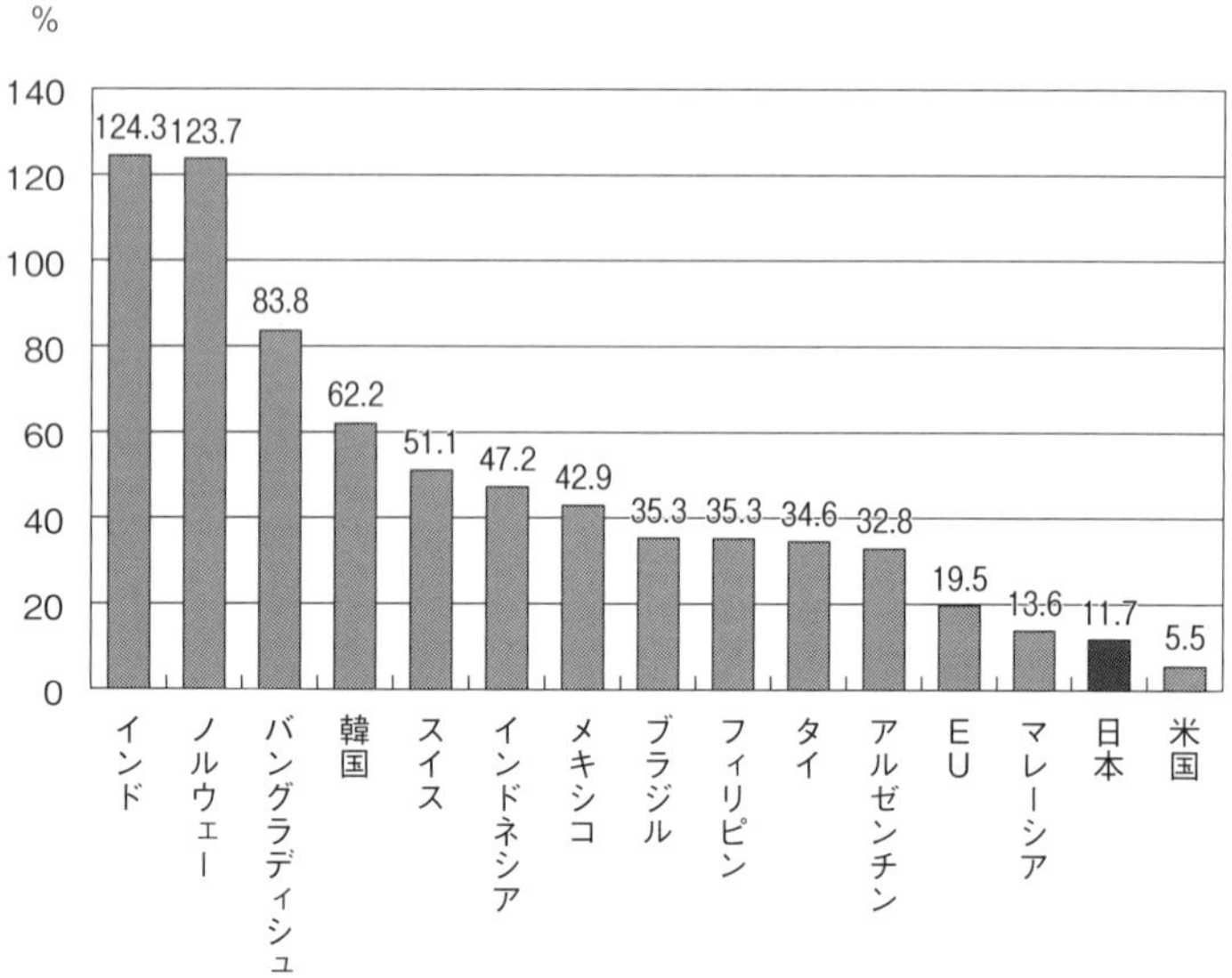

注：OECD (1999) "Post-Uruguay Round Tariff Regimes" より作成。
タリフラインごとの関税率を用いて、貿易量を加味しない単純平均により算出した2000年（UR実施期間終了時）の平均関税率である。関税割当設定品目については枠外税率を使用し、従量税は、各国がWTOに報告している1996年の品目別輸入価格を用いて従価税に換算した。ただし、日本の米のように、1996年に輸入実績がない品目は平均関税率の算出に含まれていない。

ごく一部であり、大半の農産物の関税は非常に低い水準に設定されていて、3%程度の品目もかなり多い。

日本の農産物の9割が、主要国でも低い関税率で取引されていることになる。

何度もいうが、日本の食料自給率はわずか38%である。本当に高い関税をかけて自国の農産物を守ってきたの

主要国の農産物・乳製品の関税率（2017年）

（単位：%）	農産物		乳製品	
	単純平均	加重平均	平均	最高税率
日本	13.3	12.9	63.4	546
韓国	56.9	85.5	66.0	176
EU	10.8	8.7	35.9	189
スイス	35.2	28.3	154.4	851
ノルウェー	42.1	28.6	122.6	443
アメリカ	5.3	4.0	18.3	118
カナダ	15.7	14.7	249.0	314
豪州	1.2	2.4	3.1	21
NZ	1.4	2.3	1.3	5

出所：World Tariff Profiles 2018
注：MFN（最恵国待遇）税率。加重平均は2016。

であれば、完全自給していた島国の農業がここまで衰退するはずがない。むしろ、関税が低すぎたので自給率が下がってしまい、国民が飢えの危機に瀕していると考えるべきであろう。

問題は日本の生産者が閉鎖的で競争力が乏しいことなのではない。改めるべきは、重層的な中間流通によるコスト高や大手小売りによる価格破壊である。

「野田モデル」によって生産者のモチベーションアップを図れば、消費者に不利益を与えることなく自給率の向上が図れるはずだ。適正な競争条件さえ整備すれば、間違いなく生産力を回復できるはずなのである。

「補助金漬け」は日本以上！世界はこんなに自国の農業を支援

農業に対する補助金についても、実情は世間一般で考えられているものとは大きく異なっている。

日本では競争力があると思われている米国農業の実態をみてみよう。

農産物の輸出大国とのイメージがある米国だが、輸出する作物には事実上、多額の補助金をつけている。

たとえば日本の主食である米。

一般論として、1俵4000円ほどで売れれば世界中どの国にも輸出できる価格競争力がある。しかし、現実には米国でもそんな安いコストではつくれない。その差額について政府が全額を支払っているのである。

こうした輸出のための補助金を、米国は小麦、大豆、米という穀物3品目だけで多い年には約1兆円も使っている。政府は、国内向け、輸出向け全体に補助しているので、輸出補助金ではないと米国は主張しているが、そうした政府の強力な支援によって安く売ることで、各国の穀物生産をあきらめさせてきたわけだ。「貿易自由化」というお題目の下、米国が日本をはじめとする各国に農産物の輸入自由化を求めるのは、補助金漬け農産物で相手国の「胃袋」を押さえ、多大な影響力を保持し自国優先の政策を行使するためだ。

実際、NAFTA（北米自由貿易協定）によって穀物の関税を撤廃したメキシコなどがひどい目に遭っている。トルティーヤなどとうもろこしが主食なのに、自由化によって米国からの輸入に依存していたため、2008年にいざ食料危機が発生すると、とうもろこし価格の上昇で社会不安を起こしてしまった。

日本では、主食である米についてミニマム・アクセス以外の輸入を拒む「関税化の例外措置」を選んだため、こうした事態になっていないが、ひとつ選択を間違えると補助金漬けの米国産農産物に国内農業が駆逐されてしまう。

徹底した農業保護はコロナ禍でも発揮されている。

農家の所得減を補填するための直接給付はなんと総額3・3兆円。ほかに農家から

農業所得に占める補助金の割合（A）と農業生産額に対する農業予算比率（B）（単位：%）

	A			B
	2006年	2012年	2013年	2012年
日　本	15.6	38.2	30.2（2016）	38.2
米　国	26.4	42.5	35.2	75.4
スイス	94.5	112.5	104.8	—
フランス	90.2	65.0	94.7	44.4
ドイツ	—	72.9	69.7	60.6
英　国	95.2	81.9	90.5	63.2

資料：鈴木宣弘、磯田宏、飯國芳明、石井圭一による。
注：日本の漁業のAは18.4%、Bは14.9%（2015年）。「農業粗収益－支払経費＋補助金＝所得」と定義するので、たとえば、「販売100 －経費110 ＋補助金20 ＝所得10」となる場合、補助金÷所得＝ 20 ÷ 10 ＝ 200%となる。

余剰在庫を買い上げて、困窮世帯に配布する政策を実施している。

ヨーロッパも負けてはいない。

日本の農家の所得のうち、補助金が占める割合は3割程度であるのに対し、イギリスやフランスで90%以上、スイスではほぼ100%である。上の表を見てもらえば一目瞭然だが、日本では補助金が占める割合は先進国の中で最も低いのである。

フランスやイギリスの小麦農家は200〜300ヘクタール規模の耕地面積を持つ。そんな大規模経営であっても、所得に占める補助金の割合は100%超えが常態化している。販売収入では肥料・農薬代などのコストがまかなえないので、補助金を経費に充てて所得を得ているのである。

いかがだろうか。

日本の農業は本当に競争力がないのだろうか。他国との同じような競争条件を整え、最大の問題である買い叩きが恒常化した既存流通とは異なるチャネルを構築すれば、力を取り戻せるはずだ。

企業参入は幻想！生産者を育てる「野田モデル」こそが早道

「日本は小規模農家が多いので、企業の参入によって大規模化すべきだ」

日本で農業の競争力強化を巡る議論ではこんな意見もよく耳にする。

だが、現実をみれば、無理な話というほかない。少子高齢化による人手不足や、低所得による生産意欲の低下によって、農家の数は大きく減ってきている。そのため、日本全国で耕作放棄地が増えている。農家が減った分、1軒あたりの耕作面積が広くなればいいが、残念ながらそうはならない。

なぜなら日本は山間部が多いこともあり、農地がどうしても細分化されてしまう。オーストラリアのように平野が広がっているなら、1区画100ヘクタールもの耕作地が当たり前だろうが、日本の場合、そんなことにはならない。耕作放棄地をまとめたところで、たくさんの場所に点在してしまうだけなのだ。

そのような状態で、農業を効率化するのはまず不可能といっていい。これは日本の土地条件の制約によるもので、企業が参入したところで簡単には変えられない。

実際、農業に参入した大企業はほとんど撤退してしまっているのが実情だ。企業がやればうまくいくというのは幻想なのだ。

企業が参入したからといって、自然を相手にそう簡単に生産をコントロールできるものではない。企業は業務の合理化には長けているが、需要を創出できるとは限らない。せっかく農作物を増産したところで、需要をつくれなければ意味がない。

実際、企業の農業参入の歴史は死屍累々《ししるいるい》といっていい。

トマトやピーマンを作ろうとしたJT（日本たばこ産業）、オムロン（トマト）、ユニクロを展開するファーストリテイリング（米やトマト）、大戸屋（水菜やサニーレタス）、ニチレイ（にんじん、トマト）、吉野家（タマネギなど）、東芝（レタス、水菜）……。いずれも参入して数年で撤退している。

では農地ではなく「植物工場」のような施設を使えばいいかというと、それもなかなか難しい。

一時は水耕栽培のような植物工場が話題になったが、これには莫大な費用がかかる。太陽など自然エネルギーを無料で使える農業と、日本のように化石燃料による電気が必要な植物工場とでは、かかるコストが違う。それに見合う収益を上げ続けるのはまだまだ現実的ではないのだ。

水耕栽培によってできる農産物は、たしかに安心・安全ではあるが、微量栄養素が不足すると指摘する専門家も少なくない。ノウハウを持たない企業が、資本力にまかせてやろうとしても簡単にはいかないのが農業だ。企業がやれば農業は効率化するなどというのは、私にいわせれば、経産省的な浅知恵にすぎない。

やはり現在の生産者である農家の力を最大限に発揮してもらう方法を選ぶのがより現実的なのだ。

補助金でよみがえる日本の農業

では、どうすれば農業生産者の力を引き出せるか。

第4章でも述べたことだが、それを実現するためには、野田氏が提案するように寄付金制度の見直しなどによって、各方面からの幅広い農業支援の動きが高まることが求められる。

何度もいうが、日本にとって食料問題は国の存亡、国民の命に直接的に関わる。マスコミはもちろんのこと、富裕層、あるいは組織・団体がこの問題に大きな関心を持ち、活動していくことがきわめて重要なのだ。

ここであらためて確認しておきたいことは、「野田モデル」は補助金などは一切使わず、野田氏自身の私財だけで展開されているということだ。

これまでも繰り返し述べてきた「野田モデル」の全国的な展開に加え、いま一度、農業への政策的な支援を強化することが急務だ。

米欧の自国の農業支援については先述したとおりだが、日本の農家が競争力を取り戻すための支援には思っているほどお金はかからない。

米を例に取ると、農民運動全国連合会によると米づくりに必要な経費は1俵（約60kg）あたり1万5155円。そのうち機械や肥料、燃料費などで9180円もかかっている（2019年）。

にもかかわらず、実際の買い取り額は9000円程度でしかない。仮に国が主食米700万トン全量について差額を補填した場合、かかる費用は約7000億円である。岸田内閣は防衛予算を従来のGDP比1％から2％に増額することを決めたが、7000億円はGDP比0・12％にすぎない。米以外への支援を広げたところで、防衛費の増額に比べればわずかな金額だ。

これで日本の食を守れるのであれば、高い金額だとは思えない。

支援が必要な対象は生産者だけではない。流通にも目配りが必要だろう。

物流では、いわゆる「2024年問題」が立ちはだかっている。

インターネット通販の急拡大などで運ぶ荷物が増える中、トラックドライバーの労働時間規制が導入されることで、配送に時間がかかるようになったり、コストが上がることが予想されている。その影響は当然、農作物の配送にも出てくる。

日本の農業生産者の実力を発揮できるようにするには、上流から下流まで目詰まりが起こらないように物流の構造的観点からの支援体制を取ってもらいたい。

私が行った長野県での調査によると、国民が食料安全保障を確保するために支払っても良いと考えている金額は1・6兆円だった。洪水防止や水質浄化などの農業・農村の持つ多面的機能全体への対応を含めると、10兆円規模に上る可能性があることが明らかになった。

とりわけここ数年、日本の消費者は「クワトロ・ショック」によって食品の値上がりばかりか供給不安すら現実に起きうることを経験した。いまより多くの税金を農業支援に投じても国民の同意を得られる環境は整ってきたのである。

直売所の多店舗展開によって、農家の収入を底上げし、消費者に新鮮で質のいい作物を届ける「野田モデル」。

和歌山に端を発する革命的な動きがほかの地域でも始まろうとしている。それに併せて、生産者を支援強化する農政に転換できれば、こうした動きは国内農業復活の大きな起爆剤になるだろう。

財務省、経産省支配を終わらせよ

しかしながら、その障害ともいえる大きな問題が横たわっている。それは、財務省と経産省による日本国の支配だ。

日本の財政を預かる財務省は、農業関連の予算をなんとかして減らそうとしか考えていない。国として食料安全保障はどうあるべきかなど、まったく考えていない。彼らの頭の中のあるのは歳出削減だけで、大局的な見地で、必要な政策にはお金を使うべきだ、という発想が完全に欠けている。財政の健全化のためには、日本の食料自給率がどれだけ下がろうが関係ないと思っているかのようだ。

民主党政権時代に農業者戸別所得補償制度を導入したとき、別の農業関連予算を減らして戸別所得補償に回すように仕向けたのが財務省だ。

自民党からの政権交代が実現し、大きな政策転換を図るようなタイミングですら、総額の農業予算は変わらなかった。農水予算はシーリング（概算要求基準）で2・2兆円プラス1％、などと決まっており、新たな事業をやるなら、別の事業をやめなければならないというのが、財務省の言い分なのだ。

経産省についてはここまで何度か述べてきたように、自動車に代表される工業製品を輸出することが省益につながる。その生け贄として差し出されてきたのが農業だったのだ。

特に2012年に第2次安倍政権が発足して以降は、「経産省内閣」といわれたように、官邸で存在感を増していった経産省出身者が中心となって政策を決めるようになってしまった。

かつては、各省が現在よりも対等な関係が保たれており、重要問題について官邸で相談する際も、各省庁の秘書官がそれぞれの立場から意見を述べ、バランスの取れた政策に持っていくことができた。

私が農水省に勤務していた時代は、自民党の国会議員のいわゆる農水族、ＪＡ全中、農水省の3者で、さまざまな政策を調整し、その内容を審議会にはかり、一般消費者も巻き込んだ議論を踏まえて最終的な政策に落とし込んでいった。

当時はきちんとしたプロセスを経て政策が決まっており、財務省や経産省の横やりにも一定の歯止めがかかった。

しかし、政治の変化がその歯止めを破壊してしまった。

ひとつは選挙制度の変更だ。1994年の〝政治改革〟によって、衆院選は中選挙区制から小選挙区比例代表並立制へ移行した。それをきっかけに、農地を持たない選挙区、農業の割合が低い選挙区が増えた結果、自民党の農水族の影響力は低下した。政治家にとって農業が重要問題ではなくなってしまったことで、農政軽視が続いてしまったのだ。

こうした積み重ねで農政全体に「ゆがみ」が生じてしまったことが、日本の食料問題の根幹にある。

農業復活のためには新自由主義との決別を

もうひとつ、日本の農業復活の壁として、大きく立ちはだかりかねない存在を指摘しておきたい。

規制改革を金科玉条のごとく唱え続ける新自由主義者たちだ。

官邸主導の政治が続く中で、規制改革推進会議のような組織が大きな力を持つようになった。そこでは日本の農業が既得権益の塊のような扱いを受け、徹底的に規制緩和・撤廃の対象とされた。

その結果、利益を得ているのは、彼らの日米のお友だち企業ばかりだ。

まさに「今だけ、金だけ、自分だけ」の人々が、自分たちの利益を維持、拡大できるようにルールを変えてきたのである。

バイオマス発電をやるために国有林の開発をしやすくする、洋上風力発電をしやすくするために漁業権のルールを変更する……。こんなことがいとも簡単に決まってしまう。その背後にいるのは新自由主義を信奉する経営者で、官邸とも太いパイプを持つ企業のトップたちだ。

これまで再三述べてきたように、名目上でも38％しかない食料自給率で、種やエネルギー問題を考えると、すでに実質的には10％にも満たないのが日本の農業の現在地だ。これ以上、財務省や経産省、新自由主義者などの好きなようにさせてはならない。

最後はやはり消費者も変わる必要がある

ここまで私は日本農業の復活を実現するために必要なことを述べてきた。農家が正当な対価を得て、安心・安全の作物を育てられる「野田モデル」について解説するとともに、これまで日本の農業をダメにしてきた要因も分析してきた。

いい制度を構築、維持し、ダメな仕組みは改める。そのためには欠かせないのは消費者が正しい判断をして、正しい政策を支持することである。私たちに必要なのは、自由貿易を安易に信奉し、ヒエラルキー末端の生産者を搾取する巨大資本のいいなりになってきた、これまでの考え方を改めることだ。

ときの政府が誤った農政を進めようとも、巨大資本が自分たちの利益を優先したビジネスを展開しようとも、有権者である消費者が断固たる「ノー！」を突きつければ、彼らとて勝手なことはできないのだ。

少々古いがひとつのエピソードを紹介しよう。

乳牛に与える成長ホルモンの一種として、「ｒＢＧＨ」または「ｒＢＳＴ」とも呼ばれるものがある。これを使うと牛乳の出が良くなり、20％も多くの牛乳が搾《しぼ》れるようになる。牛乳生産の効率化技術として米国で１９８０年代に登場し、１９９３年に正式に認可され、１９９４年から使用が始まった。

これによって生産効率はたしかに高まりはした。しかし、当の乳牛は疲弊して、数年で用済みになってしまう事態が生じた。そして、動物愛護団体や消費者団体からの反対が巻き起こった。それでもなんとか認可にこぎつけたわけだが、１９９６年に議論を呼ぶ論文が発表された。

米国のがん予防協議会議長のイリノイ大学教授が、「ＩＧＦ－１」の大量摂取による発がんリスクを指摘したのだ。

ＩＧＦ－１とは、「インスリン様成長因子１」などと訳され、細胞の成長や分裂を促進しつつ、細胞の死を抑制するものだ。健康維持や成長に重要である半面、過剰に摂取すると、細胞ががん化するリスクが高まる可能性が指摘されているのだ。

１９９８年には『サイエンス』『ランセット』という学術的に信頼度の高い科学誌に、ＩＧＦ－１の血中濃度の高い男性は、前立腺がんの発現率が通常の４倍、女性の場合、乳がんの発症率が７倍にもなるとの論文が発表された。

米国民は声をあげた。

ｒＢＧＨが使われている乳製品には表示義務を課すよう求めたところ、巨大資本と規制当局は結託して表示義務を実質的に無効化してしまった。

しかし、米国の消費者はあきらめなかった。ｒＢＧＨを使っていない生産者と連携してｒＢＧＨを使っている乳製品を排除するための大運動を始めたのだ。

その結果、ウォルマートやダノン、スターバックスといった企業がｒＢＧＨを使用した乳製品を排除すると表明することになった。また、こうした動きによって利益が減少してきた製造元のモンサント社はホルモン剤の権利を売却するに至った。

これは、消費者が声を大にして動き出せば、政府と企業が結託しても政策は変えられるという証左でもある。

いま食品ビジネスに求められる「野田モデル」の考え方

本書の序章で「物価の優等生」と呼ばれた卵の価格高騰について触れた。卵の価格は、供給体制が正常化したところで、もう以前のような水準には戻らないだろう。価格高騰の直接の原因は高病原性鳥インフルエンザの蔓延だが、いつまでも安い値段で食料品が手に入るわけではないことを消費者も痛感したはずだ。

「クワトロ・ショック」の直撃で、日本の農業にもう後はない。安心・安全で、国内でしっかり調達できる食料品を確保するには、やはり消費者も必要なコストを負担しなければならない。

同じ卵の話をすると、以前、スイスを訪れた私は、国産の卵が一個あたり60〜80円で売られているのを見て驚いた。日本では10個パックが特売で100円程度の値付けで売られるのが日常的だった頃だ。

もちろん、スイスは物価が高い国である。それにしても輸入品の卵に比べても何倍もの価格であり、価格高騰後の日本の卵に比べても2倍以上の水準だ。

さらに驚いたのは、そんな価格でもスイスでは国産の卵のほうがよく売れていたことだ。それはなぜか。

私の知り合いである元NHKの倉石久寿氏が、店頭で国産卵を手にしていた小学生くらいの女の子にこうたずねた。

「なぜ値段が高いのに国産卵を選ぶのか」

すると彼女は答えたという。

「これを買うことで生産者のみなさんの生活も支えられ、そのおかげで私たちの生活も成り立つのだから、高くても当たり前でしょう」

これを聞いて改めて思い起こされるのは、「野田モデル」の考え方だ。

「野田モデル」の根底にあるのは、「生産者に喜ばれ、消費者に喜ばれ、地域・社会に喜ばれ、そして従業員に喜ばれ」の「四方良し」の思想だ。その事業に直接的、間接的に関わる全員がハッピーになるという考え方だ。「今だけ・金だけ・自分だけ」と私が批判してきた新自由主義者たちの本質とは対極にあるものだ。

これは商人の立場から示した理念だが、中長期的に見て、自分たちが口にする食品をどう確保していくべきか、消費者ももう少し意識して行動すべきだと私は考えている。

「野田モデル」で日本は飢えから救われる

ＳＤＧｓの観点から地産地消の見直しが進んでいる。農業再生にとっても、これは歓迎すべきことだ。直売所を多店舗展開する「野田モデル」は、その方向性にピッタリはまるビジネスモデルである。このモデルを広げていけば、農業を再生するのはもちろん、過疎化による衰退に歯止めがかからない地域の再生にも一役買うことができるだろう。

郊外にできた大型スーパーマーケットや巨大ショッピングモールに人が集まる一方、駅前の商店街はシャッター通りに姿を変えて久しい。

華やかな巨大流通の裏では激烈な価格競争が繰り広げられ、そのしわ寄せは仕入れ先に及ぶ。食品であれば、それは生産者である農家だ。

買い叩きや輸入品の増加によって、全国各地で耕作放棄地が問題になり、美しかった里山の風景は次々に姿を消した。

地域経済が崩壊する中で、最終的にいったい誰が得をするのか。

私たちは自国民を苦しめるような経済の仕組みを自分たちの消費行動でつくってしまったのだ。

私が「野田モデル」に共感するのは、農家が力を取り戻せることだけが理由ではない。食料自給率の回復につながると考えたことだけでもない。

地域経済の復活によって、日本が力を取り戻すきっかけになると信じているのだ。

鈴木宣弘（すずき・のぶひろ）

1958年三重県志摩市生まれ。東京大学大学院農学生命科学研究科教授。1982年東京大学農学部農業経済学科卒業後、農林水産省に入省。九州大学大学院教授などを経て、2006年より現職。コーネル大学客員教授、食料・農業・農村政策審議会委員、経済産業省産業構造審議会委員、国際学会誌 Agribusiness 編集委員などを歴任。食料安全保障推進財団・理事長。著書は2022年食農資源経済学会学会賞を受賞した『協同組合と農業経済学共生システムの経済理論』（東京大学出版会）、一般書としては『食の戦争』（文春新書）、『農業消滅』（平凡社新書）、『世界で最初に飢えるのは日本』（講談社＋α新書）、『マンガでわかる日本の食の危機』（方丈社）など多数。

このままでは飢《う》える！

食料《しょくりょう》危機《きき》への処方箋《しょほうせん》「野田《のだ》モデル」が日本《にほん》を救《すく》う

2023年 10月30日　第1刷発行

著者	鈴木宣弘《すずきのぶひろ》
発行者	寺田俊治
発行所	株式会社 日刊現代 〒104-8007 東京都中央区新川1-3-17 新川三幸ビル 電話 03-5244-9620
発売所	株式会社 講談社 〒112-8001　東京都文京区音羽2-12-21 電話 03-5395-3606
表紙／本文デザイン	伊丹弘司
校正	宮崎守正
DTP	株式会社キャップス
印刷所／製本所	中央精版印刷株式会社

2023 Printed in Japan　ISBN978-4-06-534070-7